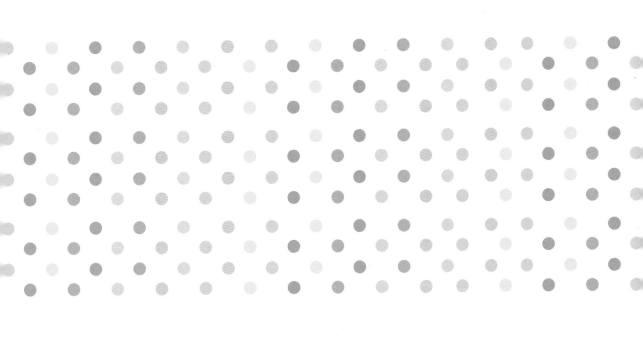

Cook50149

Carol
不藏私料理廚房【超值家常年菜版】
新手也能變大廚的100堂必修課

國家圖書館出版品
預行編目資料

Carol不藏私料理廚房【超值家常年菜版】
—新手也能變大廚的100堂必修課
胡涓涓(Carol) 著.一初版一台北市：
朱雀文化，2016，01
248面； 公分，--（Cook50；149）
ISBN 978-986-92513-1-0 （平裝）
1.食譜一中國
427.11

作者
胡涓涓（Carol）

　　從小因為母親的緣故，讓Carol發現料理美妙的世界，也由於媽媽、外婆和奶奶的巧手，讓Carol的童年，有著一道道美食的記憶。

　　幾年前自工作崗位回歸家庭，當起正職的家庭主婦，並開始經營「Yahoo奇摩部落格——Carol自在生活」，在廚房用料理寫日記，用酸甜苦辣記錄生活，至今總點閱人次已超過1億2000萬以上，臉書粉絲也超過10萬人，是格友與臉友們口耳相傳最不藏私的部落格。

　　曾獲「第五屆華文部落格大獎初審入圍」、多篇文章榮獲「Yahoo奇摩精選」，每天至少有超過2萬5千人次的點閱，Carol的部落格記錄自己的廚房心得，樂於和所有人分享料理的樂趣。

★貼近胡涓涓（Carol）：
部落格＝Carol自在生活http://tw.myblog.yahoo.com/carol-jay
臉書＝Carol自在生活

作者■胡涓涓(Carol)
文字編輯■劉曉甄
美術設計■鄭雅惠、鄧宜琨
行銷企劃■石欣平
企畫統籌■李橘
總編輯■莫少閒
出版者■朱雀文化事業有限公司
地址■台北市基隆路二段13-1號3樓
電話■(02)2345-3868
傳真■(02)2345-3828
劃撥帳號■19234566 朱雀文化事業有限公司
e-mail■redbook@ms26.hinet.net
網址■http://redbook.com.tw
部落格■http://helloredbook.blogspot.com/
總經銷■大和書報圖書股份有限公司 （02）8990-2588
ISBN■978-986-92513-1-0
增訂初版二刷■2017.12
定價■380元
出版登記■北市業字第1403號

About買書：
●朱雀文化圖書在北中南各書店及誠品、金石堂、何嘉仁等連鎖書店均有販售，如欲購買本公司圖書，建議你直接詢問書店店員。如果書店已售完，請撥本公司電話（02）2345-3868。
●●至朱雀文化網站購書（http://redbook.com.tw），可享85折起優惠。
●●●至郵局劃撥（戶名：朱雀文化事業有限公司，帳號19234566），掛號寄書不加郵資，4本以下無折扣，5～9本95折，10本以上9折優惠。

Carol

不藏私料理廚房

新手也能變大廚的100堂必修課

總瀏覽人次超過 1 億部落格料理女神

胡涓涓（Carol） 著

朱雀文化

自序 我在廚房用料理寫日記，用酸甜苦辣記錄生活

時間過的飛快，這本書發行已經5年，回想起出書的過程還歷歷在目。藉由這一次增訂改版的機會，特別新編入了10道簡單又討喜的年節料理，除了可以做為過年時候的宴客菜，或平日三五好友的聚會也非常合適。希望忙碌的主婦們都能夠輕鬆完成一年中的大事，跟家人一塊渡過愉快的團聚時光。

母親是我廚房的啟蒙導師，從小最大的興趣就是窩在廚房看她做菜。看著她巧手將各式各樣食材切絲切條，醬油、糖、鹽輕輕灑上，就變出一道又一道的美味料理，讓我醉心於她的烹飪世界。母親書架上一本本的食譜是我的最愛，一有時間就抱著仔細研究，用舌頭記下媽媽做的每一個好味道。在廚房中的我一直是快樂的，腦中不時浮現出兒時全家在餐桌上的美好回憶，我和妹妹會把媽媽用心烹調的料理吃得連湯汁都拿來拌飯。餐桌上母親每一道熱騰騰的料理，溫暖了放學及下班回家的心。

這本書是我在部落格中的中式家常菜分享，將自己在家中料理實際操作的過程完整記錄下來。回顧自己的部落格，從第一篇發文的時間到現在已經9年。開始興起寫部落格的念頭是為了把奶奶、外婆和媽媽的料理記錄下來，讓自己的回憶有所收藏，也讓兒子以後可以懷念家的味道。很開心自己有了這個小小的空間，記載著生活周遭大小事，讓我記住曾經擁有過的感動。

從沒想過因為自己的廚房記錄，會有了這麼多朋友，除了交流料理的心得，也一同分享大家的喜怒哀樂。雖然沒有真正見過面，但是傷心的時候有人陪著我，給我溫暖的鼓勵與真誠的建議。開心的時候，大家也不吝惜給我最熱情的回應。我很珍惜每一個朋友的一字一句，你們願意花時間打字在空中跟我互動，這些都是我寫部落格最珍貴的收穫。謝謝你們，也謝謝默默給我支持潛水的朋友，因為你們，我的分享有了前進的力量。

最後，謝謝我親愛的家人，謝謝長久以來所有一直給予鼓勵的朋友。

胡涓涓
Carol

傳承，讓涓涓的料理，有了更深的意義！

　　2006年的聖誕節，涓涓在奇摩雅虎網站開始成立了部落格，藉此傳達生活的點滴與心得，與網友共享。沒有想到，無心插柳，所發表有關飲食文化的七百多篇文章，在當前網路發達、無遠弗屆的年代，近在台灣本島，遠至美國世界各地，引起很大的迴響。每天點閱的人次竟超過三萬人，如今已逾一千陸佰萬人次。有鑑於此，朱雀文化出版公司特與作者情商，將有關中式菜餚及中式麵點精選集結成冊，以饗讀者。

　　涓涓出生於公教的家庭，樸實無華，靈點聰慧。雖習建築，而興趣多元。自幼受祖父、母，外祖父、母的疼愛，儘嚐兩家的美食，深留在記憶的深處。其母董玉亭女士，傳承融合兩家的特色，亦精於烹飪，所製菜餚、點心，甚受親友之讚美。涓涓耳濡目染，於工作餘暇，鑽研飲食文化，遍搜中外資料，摸索試驗，而樂在其中，青出於藍。

　　筆者以為飲食無論對個人、家庭，是畢生中最重要的一環。如果自己行動而不假手於人，可以節省經濟的支出，增添生活的情趣，促進家庭的和諧，開拓人際的關係，而達到節約、健康、安和、快樂的境界。

　　本書從選材、配料以及操作的程序，每一個環節步驟，都以圖片顯現，再以文字說明，井然有序。讀者以圖索驥，只要按部就班，即可收到圓滿的效果。而所有成品圖片的拍攝，都是其夫婿黃家煜君悉心的傑作，婦唱夫隨，功不可沒。本書最大的特色是作者絕不藏私，而與人共享，並切合庶民及普羅大眾的飲食文化，能達到家常、實用的目的。對於初學者而言，只要一冊在手，有關吃的問題，即可迎刃而解，不必煩惱。於該書付梓前夕，爰綴數語，樂為引介，是為序。並題詩一首作為本文的結束。

詩云：

三餐滿足樂其中，美饌珍饈氣象融。

一冊指南迎刃解，家庭幸福意無窮。　　　　2010年10月20日序於內湖聽竹軒

大學教授、中華詩學研究會理事長

目錄
Contents

蒜苗炒臘肉　客家鹹豬肉　鮮蝦冬粉

地瓜黑糖
雙色饅頭

Part 2
網友點閱率最高麵點

全麥饅頭

甜菜根全麥花卷

芋頭蔥煎餅

咾肉　　十香菜　　當歸紹興醉雞

目錄
Contents

蓮蓉蛋黃酥

糖燒餅

Carol麵點技巧大公開

松子鳳凰酥

福州胡椒餅

情人果

韓國辣蘿蔔　廣東酸

芋頭酥

香蔥捲餅

Part 3
甜蜜醃漬涼拌和點心

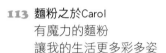

關於Carol

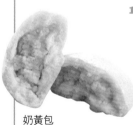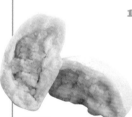

奶黃包

閱讀本書食譜前
本書所有調味均為個人所喜愛的口感,可能與讀者略有不同。讀者可依個人對鹹淡的喜好略為調整。
本書中食材的量:
1茶匙的速發乾酵母約3克
1茶匙(Tespoon)＝1小匙＝5c.c.
1大匙(Tablespoon)＝3小匙＝3茶匙＝15c.c.＝1/2盎司(ounce)
1杯＝240c.c.＝8盎司(ounce)＝16大匙

XO干貝醬

豆餡涼糕

黑糖糕

Part 1
最受歡迎料理大集合

熱騰騰、超美味的料理，

Carol一個步驟一個步驟詳細地PO上網，

再困難的菜，在Carol巧手下，就變得再簡單不過！

跟著Carol學做菜，你也可以從料理新手變大廚！

風雞‧煙燻臘肉
海外格友也熱愛，
連馬來西亞的格友
都來詢問製作方法！

酸菜白肉鍋
最受歡迎NO.1
超過160個格友回應
＆熱烈討論！

蔥燒鯽魚
奶奶料理的好味道，
Carol讓它重現！

味噌旗魚
是格友建議Carol
做出來的料理喔！

客家鹹豬肉
近百個回應，
有7個格友照Carol配方
做出美味！

橙汁排骨
小火慢熬，
甜中帶酸的好味道。

咕咾肉
Yahoo！奇摩部落格精選
Carol最愛的料理之一！

芋芳燒雞
榮獲Yahoo部落格精選，
格友詢問度極高的料理！

買到了新鮮的草蝦，清蒸的最好。加上奶油炒香的蒜頭，湯汁鮮甜味道濃郁。看到這道料理就想起乾爸乾媽曾經帶我去吃過的一家小館子，店家做的蒜茸蒸蝦好吃極了，蒸出來的湯汁都捨不得放棄，拌飯好美味！

蒜蓉蒸蝦

約 4-5人份

材 料
草蝦10隻、蒜瓣8～10顆、紅辣椒1支、青蔥1支

調味料
米酒1大匙、無鹽奶油1大匙、鹽1/3茶匙、細砂糖1/4茶匙、白胡椒粉少許

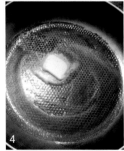

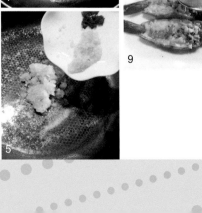

🍴不藏私步驟

1. 草蝦洗淨剪掉過長的鬚、挑出沙線,取一把尖刀,由蝦背正中央剖開,頭及尾部切開拍平。(圖01、02)

2. 在全部的蝦身上均勻淋上1大匙米酒。蒜瓣切末、紅辣椒切末、青蔥切蔥花。(圖03)

3. 奶油放入鍋中融化,將蒜末及紅辣椒末放入小火炒香,加入鹽、細砂糖、白胡椒粉調味炒均勻。(圖04、05、06)

4. 炒香的蒜蓉平均鋪放在蝦背上,放入已經燒滾的蒸鍋中大火蒸8分鐘至蝦熟。(圖07、08)

5. 起鍋撒上青蔥花,將蒸出來的湯汁淋上即可。(圖09)

Carol 烹飪教室

1. 若家中沒有無鹽奶油,也可以用有鹽奶油,但份量中的鹽請酌量減少,如果不喜歡奶油,也可以用自己喜歡的其他植物油代替。

2. 蒜頭先炒香,少了辛辣味,香味也更溫和,放在蝦子身上蒸,味道非常棒。

3. 蝦背中央剖開後,頭部與尾部的部份必須切開,但不要切斷,這樣蒸出來的蝦才不會縮起來。

Feeback 格友回應

· 昨晚安妮立刻試做了這道菜,天啊!真是大成功!多謝Carol,以前安妮就是沒有把蒜頭炒香和調味,炒過的蒜頭真是既溫潤又可口,太棒了這道菜! (安妮)

格友提議要做的鳳梨蝦球，多加了蘋果及堅果，讓這道料理更豐富一點。美乃滋不要使用太多，避免吃起來太膩口。甜甜又帶著水果的酸，這道料理好吃又好看，當做年菜也適合。

鳳梨果仁蝦球

約 4~5人份

材 料
草蝦仁300克、太白粉少許

醃蝦調味料
雞蛋1/2顆、鹽1/4茶匙、米酒1/2大匙、白胡椒粉少許

醬 料
美乃滋3大匙、檸檬汁1茶匙、罐頭或新鮮鳳梨片3片、蘋果1/3個、蜜汁腰果少許

1

2

3

4

5

6

7

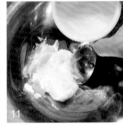

8

9

10

11

12

13

14

不藏私 步驟

1. 蝦仁以少許鹽混合均勻放置5分鐘，在水龍頭下沖洗乾淨，將蝦仁身上黏液沖掉，以餐巾紙將蝦仁的水份擦乾（用鹽先抓洗一下就可以洗去表面的黏液，蝦仁才會清脆好吃）。(圖01)

2. 以刀在蝦仁背部切開4/5，攤成為一個蝴蝶狀，中央切個縫，尾部穿過成為球狀。加入蝦仁醃料混合均勻，醃漬20分鐘。(圖02、03、04、05)

3. 蜜汁腰果切碎，鳳梨片水份瀝乾，與蘋果切成丁狀（蘋果丁可使用少許檸檬汁拌勻避免變色）。(圖06)

4. 醃漬好的蝦仁均勻沾上一層太白粉，鍋中倒入適量炸油，油溫熱放入沾粉的蝦仁。(圖07、08)

5. 蝦子全部放入就改以中火炸，起鍋前改大火炸10～15秒，可以把油逼出，比較不會太吸油。將蝦仁炸至金黃色撈起。將油再度燒熱，撈起的蝦仁放入鍋中大火再炸7～10秒撈起，目的是讓蝦仁更酥脆。(圖09、10)

6. 美乃滋放入盆中，加入檸檬汁混合均勻，依序將炸好的蝦仁及水果丁放入，混合均勻，裝盤後撒上蜜汁腰果碎即可。(圖11、12、13、14)

13

Carol 烹飪教室

1. 水果選水份不要太多的比較適合，例如水梨、甜桃。蜜汁腰果可用核桃、杏仁、花生等堅果代替。

2. 如果醃漬時間會超過20分鐘，鹽或醬油的部份可以再稍微減少1/3，這樣時間長也沒問題。

3. 料理中的檸檬汁不一定需要加！加一點只是讓美乃滋的甜味降低些，不加沒有關係，或是使用白醋也可以。

Feeback 格友回應

· 我在家已經做超過3次以上，連來訪的客人都大快朵頤，真的很謝謝Carol。

(艾蜜莉媽媽)

格友siン留言說去餐廳吃到了好吃的蝦鬆，也想在家自己試試。我也喜歡這道料理，每次出去吃總會得不過癮，自己做可以炒滿滿一大盤。

蝦鬆中添加的配料變化很大，凡是脆脆有口感的蔬菜都適合加入。西芹、豌豆、筍子等等都可以依照自己喜歡添加。我喜歡加荸薺，特殊又帶甜味的口感咬起來好有趣。

大多數餐廳最後還會加入炸過的油條，米粉或是餛飩皮，讓這道料理整體口感更豐富。不想這麼麻煩就用洋芋片來代替，效果也一樣好。用美生菜包著一塊吃，清脆又爽口。

生菜蝦鬆

約 4~5人份

材 料

草蝦仁約200克、洋蔥1/3顆、荸薺6～7粒、洋菇6～7個、玉米粒適量、洋芋片適量、美生菜(結球萵苣)適量

醃蝦調味料

鹽1/8茶匙、米酒1/2大匙、太白粉1/2大匙

調味料

醬油1/2大匙、鹽1/4大匙、白胡椒粉適量

🍳不藏私步驟

1. 蝦仁以少許鹽混合均勻放置5分鐘，將鹽洗去，以餐巾紙將水份擦乾。再切成小丁狀，以蝦仁醃料混合均勻醃漬20分鐘備用。(圖01、02)

2. 醃好的蝦仁，荸薺去皮切小丁、洋蔥切小丁、洋菇切小丁備用。鍋中放兩大匙油，油溫熱後將蝦仁丁放入炒熟撈起。(圖03、04)

3. 原鍋將洋蔥放入，炒1～2分鐘炒香，依序將荸薺、洋菇、玉米粒及調味料加入拌炒，最後拌入炒好的蝦仁丁，混合均勻即可。(圖05、06、07、08)

4. 喜歡的任何洋芋片取適量放入塑膠袋中用手捏碎，鋪在盤中。(圖09、10、11)

5. 放上炒好的蝦鬆，吃之前混合均勻，用洗淨瀝乾水份的生菜葉包裹著蝦鬆一塊享用。(圖12)

Carol 烹飪教室

1. 蝦仁用鹽先抓洗一下就可以洗去表面的黏液，炒出來的蝦仁才會清脆好吃！

2. 感謝許多格友熱情分享，洋芋片還可以用以下的材料替代：小貓咪推薦蝦味先、檸檬燕子推薦可樂果、Emmy推薦吐司切丁再烤的脆脆、Sherry建議可以放蠶豆酥、Sylvia說壓碎的科學麵也很棒、豬母說放炸蛋酥也很好吃！謝謝大家！

3. 如果炒的時候蝦子會黏成一團、不鬆，或是太水，可能是太白粉加多了，減少一點就可以！配料儘量選不出水的，也不要炒太久。

Feeback 格友回應

· 今天試做生菜蝦鬆，家人都說很好吃，我自己在煮熟蝦子時嚐了一口，覺得味道很美味，太佩服Carol在醃醬料時，也可以指導的這麼詳盡。以後光煮蝦子，也可以這樣做了。　　　(艾蜜莉媽媽)

鮮蝦冬粉

冬粉是爸爸最喜愛的食物之一，媽媽知道爸爸愛吃，常常做些冬粉料理，讓爸爸的胃口都特別好，所以我對冬粉也就有一種特別的感情。有趣的是，爸爸喜歡吃冬粉，卻從不自己夾取，他總是說冬粉滑溜溜，自己技術不好，用筷子撈不起來，所以夾冬粉這件事都是媽媽來代勞。這麼多年，我在餐桌上看到媽媽將爸爸愛吃的冬粉夾起細心放在爸爸的碗中，感覺的到他們的感情就像冬粉一樣綿長又無法分開。

爸爸平日嚴肅又不多話，但從這些小地方就看的出來他如何依賴著媽媽。

公公婆婆也是一對恩愛的夫妻，我跟Jay從沒有看過他們兩人鬥嘴。他們的相處給人的感覺溫暖又自然。退休後總是一塊到處旅遊，生活的簡單又充實，讓做子女的我們非常羨慕。兩邊的父母親都互相牽手了幾十年，他們的人生因為彼此而更圓滿。

我和Jay還有好長的路要走，謝謝他一直包容任性又孩子氣的我。因為有了對方，在黑暗中有人陪伴，在快樂時有人分享。夫妻是一輩子的朋友與情人⋯⋯

我喜歡加很多的蒜頭來做這一道料理，蒜頭經過爆香及燉煮讓蝦子更鮮甜，冬粉把白蝦的鮮美滋味完全都吸收進去。雖然冬粉本身沒有特別的味道，但是卻能夠像海綿一樣，吸收與它搭配的食材所有的好味道。這樣的特性讓冬粉來做料理很好發揮也變化無窮。

約 4~5人份

材料

新鮮白蝦約300克、冬粉3把、蒜頭4～5瓣、薑2～3片、青蔥2支、紅辣椒1支

調味料

醬油1.5大匙、高湯250c.c.（冬粉份量若少，水量請相對減少）、米酒2大匙、黑糖1.5大匙、鹽1/4茶匙、白胡椒粉適量

不藏私步驟

1. 白蝦去腸線並將前端觸角剪掉。(圖01)
2. 冬粉泡放冷水5～6分鐘軟化撈起，蒜頭及薑片切末、紅辣椒、青蔥切小段。(圖02)
3. 鍋中倒入3大匙油，將蒜頭末、薑末，一半的青蔥及紅辣椒放入炒香。(圖03)
4. 放入蝦子拌炒至變色，加入調味料。(圖04、05)
5. 醬汁煮到沸騰時，放入泡軟的冬粉。(圖06)
6. 蓋上鍋蓋以中火燜煮到湯汁收乾，中間嚐一下鹹淡。起鍋前將剩下的青蔥及紅辣椒放入，再拌炒均勻即可。(圖07、08)

Carol 烹飪教室

1. 冬粉不要泡太久，約泡5分鐘即可，泡太久怕湯汁會吸不進去，也擔心泡的太軟再煮容易煮過頭。
2. 這口味有點甜，加黑糖是為了增加甜味，而且冬粉的顏色會更漂亮。如果沒有黑糖，用砂糖也沒問題，但是量要減少一些，因為黑糖比較不會太甜。

Feeback 格友回應

· 我照著你的做法，我家爸比稱讚不已喔！謝謝你的食譜。　　(julia)

17

Leo開學了，我也開始每天準備便當的日子。雖然學校的福利社也有菜色豐富的自助餐，但是他還是喜歡我幫他準備便當。

開學前一天，我因為白天有事出門耽誤了，回家晚餐只能簡單做，要他隔天到學校買自助餐。當天傍晚他回家後，我才知道學校開學第一天福利社竟然沒有自助餐，所以他只好隨便買一包餅乾解決午餐。那一天他很羨慕有帶便當的同學，媽媽的便當還是最方便又可口的。

現在每天的菜色都會以他的便當為主，湯汁不要太多，還要耐蒸又不會變味道。這道醬燒薑絲小卷也是我小時候喜歡的便當菜，鹹中帶甜燒的好入味。我想起我跟妹妹吃小卷的時候會因為吃到墨囊，牙齒黑黑互相嘲笑，玩得好開心。晚上我也吃成牙齒黑黑，在餐桌被父子兩人笑不停。

不管時空如何轉換，家人間的那份牽絆永遠都不改變！

18

醬燒薑絲小卷

約 3-4人份

材料

熟小卷約500克、薑4～5片、紅辣椒1支

調味料

醬油1大匙、醬油膏1大匙、米酒1大匙、黃砂糖1/2大匙、白胡椒粉少許

不藏私步驟

1. 熟小卷洗乾淨，水份瀝乾，薑片切絲，紅辣椒切段，炒鍋中倒入兩大匙油，將薑絲及紅辣椒段放入炒香。（圖01、02）
2. 熟小卷放入翻炒2～3分鐘，將所有調味料放入混合均勻。（圖03、04）
3. 蓋上蓋子以小火燜煮到湯汁收乾即可。（圖05）

Carol 烹飪教室

1. 這種小卷是煮熟或冷凍的，並非另一種已經醃過鹽的小卷，兩種是不同的，買的時候要特別注意一下。
2. 燒的時候不要煮太久，口感剛好，煮過頭會較硬，如果買得太大隻，清掉內臟或切段也會比較好咬。
3. 沒有醬油膏就用醬油代替，糖稍微多一點，燜久一點就好！

19

Feeback 格友回應

· 謝謝Carol老師，這道真的好吃好吃！這次大概是有老師食譜的加持，不僅沒有失敗，餐桌上還出現搶食畫面，全人吃的津津有味，再一次謝謝你！ （歐里桑）
· 這個當便當菜很適合，又香又鹹下飯又耐放。 （lumame）
· 這道菜便宜好吃又方便煮，我個人很愛！ （lulu米）
· 我也超愛吃這道菜的！越是簡單的料理越試吃的到食物的甜美！ （曉芬）

蚵仔煎是我去逛夜市必點的一道台灣小吃，記得我最好的同學口每次吃蚵仔煎都不加蚵仔，讓老闆都笑著說賺到了！不喜歡蚵仔也可以換成新鮮蝦仁，同樣帶著濃濃的海味，這是屬於台灣的好味道。

蚵仔煎

 約 3人份

材 料
蚵仔約300克、雞蛋3顆、小白菜1把
粉漿材料
韭菜1小把、地瓜粉約100克、太白粉約15克、冷水300c.c.、米酒1大匙、鹽1/2茶匙、白胡椒粉少許

不藏私 步驟

1. 地瓜粉、太白粉，加入冷水中混合成均勻粉漿。韭菜切小段與米酒、鹽及白胡椒粉等加入粉漿中混合均勻。(圖01、02、03)

2. 蚵仔加少許鹽洗乾淨，殘存的殼挑出備用。小白菜洗淨瀝乾切段備用。(圖04)

3. 平底鍋中熱2大匙油，將蚵仔放入中間位置。粉漿使用前攪拌均勻，舀入適當的量入平底鍋，以小火煎。(圖05、06)

4. 一開始煎的時候不要翻面，看到粉漿有些透明狀時打入一顆雞蛋。以鍋鏟將雞蛋稍微打散。(圖07、08)

5. 放入適量的小白菜，以小火煎到粉漿凝固時才翻面，煎到兩面金黃即可，中間可以視狀況適量在周圍淋上一些油。

6. 若有剩下的粉漿，可以直接煎成餅。(圖11)

7. 煎餅或蚵仔煎吃的時候淋上海山醬（製作方式請見P.184）。(圖12)

Carol 烹飪教室

1. 煎時火不要大，要有耐心讓粉漿慢慢凝固，若一直翻動會煎的不漂亮。

2. 此配方的粉皮較為乾黏，讀者如果覺得太濕軟，皮的水量部份可以再減少30～50c.c.試試，粉多就比較不會太軟。翻面後再淋一點油煎也會比較好些，皮就不會太濕黏。

3. 不愛韭菜者可將韭菜去除，或把韭菜改成韭黃都可以；不吃蚵仔，也可以改用蝦仁。

Feeback 格友回應

· 感謝Carol的無私分享，Jennifer也第一次煎出成功的蚵仔煎，感恩呢！

(Jennifer)

在市場有時候會找到一些比較特別的食材，讓我有機會多多嚐試不同的料理。加上九層塔及大量蒜頭，這道快炒旗魚肚富含大量的膠質，好下飯！

塔香旗魚肚

約
4-5人份

材料
熟旗魚肚約500克、蒜頭10～12粒、紅辣椒1支、九層塔1大把
調味料
麻油3大匙、醬油3大匙、米酒3大匙

🍳 不藏私步驟

1. 熟旗魚肚切適當大小,蒜頭、辣椒、九層塔備用。(圖01)
2. 蒜頭整顆去皮,辣椒切段。起油鍋,將蒜頭及紅辣椒放入炒香。(圖02)
3. 將熟旗魚肚放入鍋中翻炒2～3分鐘,加入醬油、米酒。(圖03、04)
4. 蓋上蓋子中火燒到湯汁收乾,起鍋前加入九層塔再翻炒一下即可。(圖05、06)

Carol 烹飪教室

1. 若買到生的旗魚肚,請事先汆燙至熟。
2. 旗魚肚也可以使用魚皮代替。

Feeback 格友回應

· 我也很喜歡吃這樣的料理,獨特的麻油九層塔香,很有味道! (jannet)
· 我很喜歡魚肚這樣炒,是道很下飯的料理,而且我也很喜歡吃九層塔,讚!

(威ㄚ)

格友雙胞胎水媽媽留言要做味噌魚，這道料理會讓我想起多年前的工作伙伴。當時我在一家小小的公司，同事們每個月都到旁邊的日本料理店聚餐，我們好喜歡點味噌魚，鹹中帶甜好下飯。當年的同事現在早已各分東西，很多年都沒有再聯絡了。

朋友有好幾種，在生命的每一站上車下車來來去去，不能強求。只要把握每一次相處的緣份，人生就不會有遺憾。

味噌旗魚

 約 **2-3人份**

材 料
旗魚2片、熟白芝麻適量、檸檬
調味料
味增3大匙、米酒1大匙、冷開水1～2大匙、醬油1.5大匙、鹽1/4茶匙、砂糖1大匙、味霖2大匙、酸梅粉1/8茶匙

🍳 不藏私步驟

1. 味噌放入米酒及適量冷開水中調均勻，依序將其他材料放入攪拌均勻成為醬汁備用。(圖01、02、03)

2. 調好的醬汁倒入旗魚片中，仔細將醬汁均勻揉到魚身中浸泡，包上保鮮膜，放入冰箱冷藏到隔天入味。(圖04、05、06)

3. 醃漬入味的魚，自冰箱取出，完全回復室溫，準備一個烤肉網，烤盤鋪上一層錫箔紙。(圖07)

4. 將旗魚放在鐵網架上，放入已經預熱到190～200℃的烤箱中烘烤25～30分鐘至表面金黃色，吃的時候撒上熟白芝麻，擠上檸檬汁即可。(圖08)

Carol 烹飪教室

1. 不用烤箱烘烤，可以直接用平底鍋少許油乾煎即可。旗魚也可以選擇油魚，鮭魚，白北等。

2. 加一點酸梅粉會帶點酸甘的味道，沒有酸梅粉就加兩顆酸梅，不喜歡就直接省略。

3. 烤之前不用將味噌洗掉，大概自然滴落就可以，用鐵網架架起來烤，底部才不會濕濕，烤起來比較乾爽漂亮。真的沒有也沒有關係，依照自己現有器具來做就好。

Feeback 格友回應

· 用你的食譜做這道「味噌旗魚」，我多醃了一天，老公說有點鹹，我則享受滿滿，一道魚配上一大碗清粥，真棒！

(Lisa)

蔥燒鯽魚

有一種味道，一輩子都會縈繞在心中。

我還是記得童年的時候，每次回杭州南路的老房子，滿頭白髮的爺爺坐在客廳跟著電視哼京劇，我鞋一脫就往後面廚房跑，因為我知道肯定有好吃的等著我。

奶奶一看到我臉上就堆滿笑容，坐在高板凳上，腳都還搆不著地的我，乖乖在大餐桌吃著奶奶燒的魚當點心。雖然那老房子現在早已拆除，但是我現在還是能清楚的記得每一個房間的格局，還有跟表哥表姐在那玩耍的所有快樂時光。

鯽魚是公認刺多的淡水魚，但是味道非常鮮美。將魚炸到骨酥肉乾的程度，再與大量的青蔥用醬油冰糖煨到入味。這是我最想念的一道冷菜，多希望還能夠再嚐到奶奶做的料理，但已經是一種奢侈。

能夠在家吃這個懷念的味道，真的要特別謝謝格友James。去年偶爾在他格子中看到這料理，因為我從未在任何市場看到有賣新鮮的鯽魚，所以留了話給他表達若有機會要跟他訂購鯽魚的意願。沒想到過了一年，細心的James竟然還記得我的事情，貼心的幫我準備了新鮮的鯽魚；還要謝謝Jay辛苦的幫我去鱗整理，所以今年我終於一償多年的心願，自己燒了這懷念許久的味道。

熬一鍋稀飯，夾兩條蔥燒鯽魚，我好想念爺爺和奶奶⋯⋯

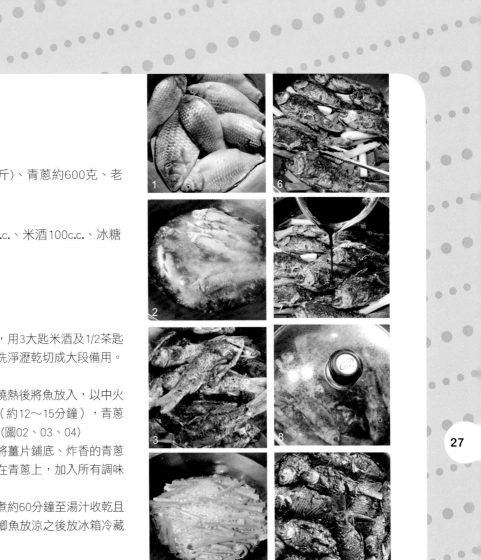

約 8-10人份

材 料
新鮮鯽魚16條（約2.4公斤）、青蔥約600克、老薑片12片

調味料
醬油300c.c.、烏醋100c.c.、米酒100c.c.、冰糖約100克、清水500c.c.

不藏私 步驟

1. 鯽魚去鱗去鰓及內臟，用3大匙米酒及1/2茶匙鹽醃漬30分鐘。青蔥洗淨瀝乾切成大段備用。（圖01）

2. 鍋中放入半鍋油，油燒熱後將魚放入，以中火炸至呈現金黃色撈起（約12～15分鐘），青蔥放入油鍋中炸1分鐘。（圖02、03、04）

3. 另取一平底鍋，依序將薑片鋪底、炸香的青蔥鋪上、炸好的魚鋪放在青蔥上，加入所有調味料。（圖05、06、07）

4. 蓋上鍋蓋使用小火燉煮約60分鐘至湯汁收乾且入味，燉煮好的蔥燒鯽魚放涼之後放冰箱冷藏食用。（圖08、09）

Carol 烹飪教室

如果買不到鯽魚，可以用黃魚替代，別種魚我沒有試過，其他的魚也不是不行，只是味道多少些不一樣。

Feeback 格友回應

· 好讚喔！我很喜歡吃魚蛋耶！你的料理真的太棒了！這裡簡直是我參考的食譜區了，每天必看。　（陳小Kate）

· 我老公很愛吃清蒸鯽魚，但討厭多刺的我往往無法品嚐其美味，現在可將鯽魚炸過這樣應該連魚刺都能吃下去了吧！下次我也來試試！　（茹茹媽媽）

糖醋魚塊

酸酸甜甜的廣東酸甜果吃完，剩下的湯汁可不要丟棄，我是最捨不得浪費食材的人。所以就利用這剩下的湯汁做一道糖醋料理，直接代替糖醋醬中的糖、醋及清水。

酸甜的糖醋醬一直是我的最愛，去餐廳總會點一盤。老公每次都說這種料理是小孩子口味，但是這可以讓我回味已逝去的童年，讓自己還保有那一份晶晶亮亮的童心！

約 4-5人份

材 料
鯛魚肉400克、蒜頭2～3瓣、廣東酸甜果適量、太白粉適量
醃魚調味料
薑2片、青蔥1支切段、米酒1大匙、鹽1/4茶匙、白胡椒粉少許、蛋黃1個、太白粉1大匙
糖醋醬
蕃茄醬4大匙、砂糖5大匙、醬油1.5大匙、白醋4大匙、太白粉2茶匙、清水5大匙

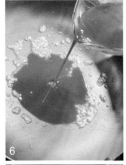

不藏私 步驟

1. 醃魚調味料放入碗中攪拌均勻備用,魚肉切成塊狀,全部加入混合均勻醃漬30分鐘入味。(圖01)

2. 醃好的魚塊均勻沾上太白粉,以淺油半煎半炸至金黃撈起(油不需多,只要不停翻動用半煎半炸的方式即可),鍋中的油再度燒熱,將炸好的魚塊再半煎半炸一次,這樣才會酥脆。炸好的魚塊撈起放在餐巾紙上瀝油。(圖02、03、04)

3. 蒜頭切末備用,鍋中留約兩大匙油,將蒜末放入炒香,加入攪拌均勻的糖醋醬,邊加邊攪拌,將其煮滾。(圖05、06)

4. 加入魚塊及廣東酸甜果(製作方式請見P.212),拌炒均勻即可。(圖07、08)

Carol 烹飪教室

1. 酸酸甜甜的廣東酸甜果吃完,剩下的湯汁可不要丟棄,可以拿來調糖醋醬汁,材料為:酸甜果湯汁1200c.c.、蕃茄醬4大匙、醬油1.5大匙、太白粉2小匙。

2. 魚塊也可以換成杏鮑菇,如果使用杏鮑菇,可以沾一點蛋液,這樣才好沾太白粉!半煎半炸沒問題,不過杏鮑菇很會出水,油可能要稍微多一點才好操作。另外也可以用豆皮,可以選擇厚一點的豆皮,切塊後使用。

3. 有格友建議,將勾好芡的酸甜醬,直接淋在炸好的魚塊上,口感可能會更好。

Feeback 格友回應

· 好像女生大多都喜歡這道酸酸甜甜的料理,我們家女生也特別愛這道,每回媽媽都會特別為我們準備! (心如)

自己做的蜜汁叉燒好好吃，選用梅花肉來做口感不會乾澀，刷上蜂蜜烤出來的色澤晶瑩剔透，加上黑芝麻油淡淡的香氣，實在是太迷人了，完全不輸燒臘店的美味，烤箱料理魅力無窮！

蜜汁叉燒

約
4~6人份

材料
豬梅花肉塊2塊（厚約2公分）約600克、青蔥1支、薑2～3片、蒜頭2瓣、雞蛋1顆、蜂蜜適量（烘烤時塗刷）
醃肉調味料
味增1大匙、蠔油2大匙、醬油2大匙、米酒2大匙、蜂蜜3大匙、麻油1大匙

不藏私步驟

1. 青蔥切大段、蒜頭切片備用，梅花肉加上所有材料及調味料混合均勻放冰箱冷藏醃漬3天徹底入味 （中間時間拿出來翻面讓味道更均勻）。(圖01、02、03)

2. 烤盤上鋪上一張錫箔紙，墊上鐵網架，旁邊放一杯熱水。(圖04)

3. 將醃漬好的肉鋪在鐵網架上，放入已經預熱到200℃的烤箱中烘烤。烘烤20分鐘後將烤盤取出把肉翻面，肉的兩面都刷上一層蜂蜜再放入烤箱，繼續烘烤20分鐘後再度翻面並刷上一層蜂蜜，再放入烤箱，最後再烘烤10分鐘即可。(圖05、06)

Carol 烹飪教室

1. 梅花肉介於胛心肉以及里肌肉之間，瘦肉中含有網狀油花，肉質軟而且風味相當好。適合切塊滷煮或是切片煎等烹調方法。買不到梅花肉沒有關係，就用瘦肉比較適合。

2. 如果醃肉的醬要重複使用，把舊的蔥薑都撈起，加入新的蔥薑，調味料部份都要再添加原來的1/2就可以。最後如果不醃肉了，醃汁可以加一些麵粉、蔬菜，混合成麵糊煎來吃也不錯。

3. 烤箱裡放一杯熱水的目的是讓烤箱沾附的油漬較容易清除，烤箱中有一點水蒸汽，油漬就比較容易清除。

Feeback 格友回應

· 我今天第一次做蜜汁叉燒就好成功！謝謝Carol的食譜與教學。真的是太謝謝你了！因為你的部落格讓我變得愛做菜，家人也跟著有口福了呢！ (蓓蓓)

朋友春蘭送我的豆豉真是甘甜又鮮美，無論是搭配辣椒小魚或是清蒸虱目魚，都可口極了。因為朋友對我的好，讓我們全家都好有口福。這一道豉汁蒸排骨連湯汁都被搶著拌飯，吃個盤底朝天！

豉汁蒸排骨

約 **4-5人份**

材料
豬小排約500克、蒜頭4～5瓣、紅辣椒1支、乾豆豉2大匙
調味料
蠔油1大匙、醬油1大匙、米酒1大匙、糖1/2茶匙、鹽1/4茶匙、太白粉1大匙、白胡椒粉少許

🍳不藏私步驟

1. 紅辣椒及蒜頭切末,豬小排用清水洗乾淨去除血水瀝乾水份,依序加入所有調味料、蒜頭、紅辣椒混合均勻。(圖01)

2. 再將乾豆豉加入混合均勻。(圖02)

3. 醃漬1個小時入味後,裝入盤中,放入電鍋蒸20分鐘即可。(圖03、04、05、06)

Carol 烹飪教室

1. 豬小排在料理前用清水徹底洗去血水,蒸出來的排骨才會好看又有彈性。

2. 除了豬小排可以選擇之外,也可使用軟骨排,或是使用前腿肉(胛心肉)切塊代替也很好。擔心蒸不透,就儘量切小塊,不然就蒸久一點,應該會很軟爛才對。

Feeback 格友回應

· 鼓汁排骨非常下飯的一道菜哦!不光是排骨肉好吃,連湯汁都會捨不得放過,淋在白飯上……哇!可以吃好幾碗哦!

(sammi)

· 這道鼓汁蒸排骨做法簡單又沒油煙我喜歡! (冬冬媽咪)

格友心蕾想要做的橙汁排骨，原本希望用新鮮的香吉士來榨汁，但是最近都沒有買到，直接使用100%柳橙汁來做，味道很好，也很方便。

小火慢慢熬煮，排骨可以燉到軟爛，一大杯的柳橙汁也全部濃縮成酸甜的精華，帶著濃郁的果香，滋味真好！

橙汁排骨

約
4-5人份

材 料
豬小排約500克

排骨醃料
雞蛋1顆、米酒2大匙、醬油1大匙、鹽1/4茶匙、白胡椒粉少許、太白粉4大匙、蒜頭1瓣、薑1片

柳橙醬
柳橙汁400c.c.、冰糖約20克、蒜頭1瓣(切末)、薑1片(切末)

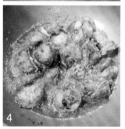

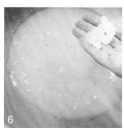

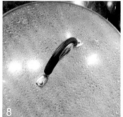

不藏私步驟

1. 蒜頭及薑切末,排骨加入排骨醃料混合均勻醃漬1個小時備用。(圖01、02)

2. 鍋中倒入約200 c.c.的炸油,油熱將醃好的排骨放入炸至金黃色撈起備用。(圖03、04)

3. 原鍋中剩下約1大匙的油,其餘炸油倒出。放入蒜末及薑末放入爆香,倒入柳橙汁及冰糖煮至沸騰。(圖05、06)

4. 加入炸好的排骨,蓋上鍋蓋使用小火煮至湯汁收乾變濃稠狀態,約30～35分鐘左右,裝盤後可以在排骨上撒一些熟白芝麻即可。(圖07、08、09、10)

Carol 烹飪教室

1. 柳橙汁可以使用新鮮香吉士直接搾汁。

2. 其實油炸類的料理不一定要用很多油,我炸東西都不會用太多油,以淺油半煎半炸的方式就可以炸的漂亮,多翻面就好。

Feeback 格友回應

· 這道菜好好吃唷!不同於糖醋口味,一樣酸甜好滋味,菜一上桌,就被家人一掃而空。謝謝Carol! (艾蜜莉媽媽)

35

記得小時候外婆常常做這道料理，鹹鹹香香的滋味總讓人多添一點飯。簡單的調味讓肉的味道變的不凡，一次醃多一點，可以放冷凍室保存，隨吃隨煎很方便！

客家鹹豬肉

約 6-8人份

材 料
五花肉（梅花肉）約1000克、蒜頭4瓣
調味料
鹽1.5大匙、高粱酒／米酒2大匙、粗粒黑胡椒1大匙、黃砂糖1.5茶匙

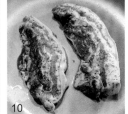

🍳不藏私步驟

1. 五花肉不需清洗，直接切成約1.5公分厚的肉條，放入鍋中備用。(圖01)

2. 五花肉備好，蒜頭切末、調味料秤量好備用，將鹽倒入鍋中，以手將鹽仔細均勻搓揉於五花肉條上。(圖02、03)

3. 所有調味料依序倒入混合均勻，鍋子封上保鮮膜，放入冰箱冷藏至少3天，等待入味，即是醃漬好的鹹豬肉。(圖04、05、06、07)

4. 冷藏好的鹹豬肉由冰箱取出回復室溫，即可以烤箱或平底鍋處理，切成薄片搭配青蒜一塊食用。

   a. 烤箱烘烤(圖08、09)
   放入已經預熱到180℃的烤箱中烘烤18～20分鐘至金黃色（中間可以翻面一次）。

   b. 平底鍋煎(圖10、11、12)
   平底鍋中不放油，以小火慢慢將鹹豬肉煎到金黃色即可。

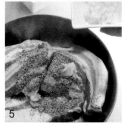

Carol 烹飪教室

豬肉買回不需清洗，因為清洗後抹上鹽巴會容易出水，如果洗了也沒有關係，記得用紙巾把多餘的水份擦拭乾，或是多加一點鹽避免鹽分稀釋，或將生出來的鹽水倒掉，再加1/3大匙鹽抹均勻就好，繼續醃到時間到，一定不會失敗。

Feedback 格友回應

· 上星期醃了臘肉和鹹豬肉，今天把臘肉曬了，也把鹹豬肉烤來吃吃看。大家都說很好吃，不會太鹹又衛生。感謝Carol的指導，讓我覺得很有成就感呢！

(阿賓)

咕咾肉

對咕咾肉有一份特殊的感情，因為小的時候最喜歡吃這道料理，酸酸甜甜又沒有骨頭。不論是媽媽做，或是出去吃館子，只要有咕咾肉，幾乎一整盤都是我一個人包辦。媽媽知道我愛吃，總是全部留給我。我對咕咾肉喜愛的程度讓媽媽到現在說起這些事情，都還記的好清楚，一聊到這話題總是停不下來。媽媽聊起我們小時候的事情記憶力就特別好呢！

看著媽媽提起我的兒時往事，手舞足蹈的樣子，神情都顯得特別高興。我想起剛結婚時，媽媽拿了一個大紙箱交給我，要我帶回來自己好好珍惜。打開看才發現紙箱中全是我幼稚園和小學的圖畫日記，聯絡簿，美勞作品，獎狀。媽媽都收藏的好好的。不論多小的事情她都記得：我愛吃的東西，我從小到大的獎勵，我所有的點點滴滴她從不曾遺露。

看她說的瞇起了眼，嘴角帶笑，神情完全回到當年，彷彿我就在旁邊吃著一整盤的咕咾肉。回家之後，我跟Jay說，今天我們要吃咕咾肉。也許，我想念的不是料理本身，而是蘊藏在其中的愛吧！

約 **4-6人份**

材 料

梅花肉300克、罐頭鳳梨片4～5片（或是新鮮鳳梨）、紅綠青椒各1/2個、蒜頭2～3瓣

醃肉調味料

醬油1.5大匙、米酒1大匙、蛋黃1個、太白粉1大匙

糖醋醬

蕃茄醬3大匙、砂糖3大匙、醬油1大匙、白醋3大匙、太白粉1.5大匙、清水4大匙

不藏私步驟

1. 梅花肉切成塊狀，用醃肉調味料醃漬30分鐘入味。鳳梨片切小塊，青椒切小塊，蒜頭切末備用。(圖01、02)

2. 醃好的梅花肉塊均勻沾上一層太白粉，鍋中倒入適量的油，油熱將肉塊放入用半煎半炸至表面呈現金黃色就撈起（油不用太多，只要不停翻動用半煎半炸的方式就可以）。(圖03、04)

3. 等肉稍微涼一些，再將鍋中的油燒熱，將炸好的肉塊再半煎半炸一次（這樣才會更酥脆），炸好的肉塊撈起放在餐巾紙上瀝油。(圖05)

4. 鍋中留約2大匙油，其餘油連渣滓倒出。將蒜末放入炒香，再將紅綠青椒及鳳梨片放入快速翻炒。(圖06、07)

5. 糖醋醬醬料事先放入碗中攪拌均勻，加入鍋中邊加邊攪拌，再將炸好的肉塊加入拌炒均勻即可。(圖08、09、10、11、12)

Carol 烹飪教室　梅花肉也可以用前腿肉或里肌肉代替，雞胸肉切成雞丁也可以。

Feeback 格友回應

· 糖醋的料理真的很難令人抗拒，常常來carol家，不僅學到我和兒子愛的甜點料理，也學到可以滿足老公中式的胃，真是受益良多！謝謝Carol。　　　　　　　　(Annie)

梅乾菜燒肉是我小的時候最喜歡吃的一道菜。如果媽媽做了這道菜，我隔天的便當一定吃不夠。這菜越煮越入味，梅乾菜燒的軟爛好吃的不得了。醃漬曬乾的芥菜竟然可以創造出如此極致的美味，一想到就讓我忍不住動手了。這些味道深烙在腦海中，怎麼樣也不會忘記。而用饅頭夾著一起吃，更別有一番滋味！

梅乾菜燒肉

約 **6人份**

材 料
乾燥梅乾菜3球、五花肉1斤、蔥4～5支切段、薑5～6片、
調味料

米酒約30c.c.、醬油約75c.c.、黃砂糖（或冰糖）約30克、冷水約400c.c

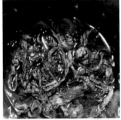

不藏私步驟

1. 乾燥梅乾菜泡軟，前後約4小時，中間要換水兩次。泡軟後的梅乾菜洗淨切碎。(圖01)
2. 五花肉切成約1公分厚片狀，蔥切段、薑切片備用。(圖02)
3. 將蔥段、薑片以兩大匙沙拉油爆香，先放入五花肉，翻炒至肉變色，再加入梅乾菜翻炒5分鐘。(圖03、04、05、06)
4. 加入所有調味料及冷水（需淹過所有食材）以小火燉煮約1個小時至湯汁收乾到剩下1/4即可。(圖07、08、09、10)

Carol 烹飪教室

格友joyc提供一個更簡單的方式：梅乾菜與肉拌炒好後以電鍋煮兩次，完成後再用瓦斯爐煮約10分鐘，肉就入口即化了，提供給時間不多的媽咪參考。

41

Feeback 格友回應

· 梅干菜扣肉一直是很下飯的一道菜，小孩子會多吃好幾碗飯，只是對於減肥中的我，還真是又愛又恨呢！　(Jannet)

這是一道很受歡迎的下飯菜，即使很苦的苦瓜，在肉汁的調和下，就變得順口又好吃！不喜歡苦瓜的人，也很容易吃上幾口。想偷懶一點也可以直接用電鍋蒸，雖然滋味沒有那麼豐富，卻也是一道方便的電鍋菜！

苦瓜鑲肉

 約 **4人份**

材 料
苦瓜1條（大）、絞肉約300克、雞蛋1顆、乾香菇3朵、蝦米1小把、青蔥3支、紅辣椒1支、豆鼓1小把、枸杞1小把、麵粉少許

肉餡調味料
鹽1/4茶匙、白胡椒粉1/8茶匙、米酒1大匙、醬油1大匙、麻油1/2大匙

醬汁調味料
醬油1又1/2大匙、細砂糖1/2大匙、米酒1大匙、冷開水30c.c.、太白粉1茶匙、冷開水1大匙

不藏私步驟

1. 乾香菇泡水軟化，蝦米泡溫水5分鐘撈起備用。苦瓜洗淨去頭尾，切成約4公分寬備用，頭尾尖端部份無法塞肉的部份剁碎加入絞肉餡中。青蔥、香菇、蝦米切末，辣椒切片，連同雞蛋及肉餡調味料加入絞肉中，攪拌均勻備用。(圖01、02)

2. 切段的苦瓜內側抹上些許麵粉，使肉餡較容易沾黏住。調好的肉餡放進苦瓜中填滿。(圖03、04、05)

3. 鍋中加入兩大匙油，放入紅辣椒及豆豉炒香。填好肉餡的苦瓜放入鍋中，將兩面煎至呈金黃色。加入醬汁調味料、蓋上鍋蓋，熬煮約3分鐘。(圖06、07)

4. 苦瓜連湯汁盛起，放入蒸鍋，以大火蒸7分鐘。(圖08、09)

5. 蒸出來的湯汁倒回原來的炒鍋中，加入枸杞至煮沸，以適量鹽巴調味，並用太白粉水勾芡，淋在蒸好的苦瓜上即成。(圖10、11、12)

Carol 烹飪教室 不喜歡吃苦瓜的人，可以用大黃瓜替代。

Feeback 格友回應

· 我也非常喜歡吃苦瓜，不管是苦瓜湯、燜苦瓜，或者你的苦瓜鑲肉我都喜歡。你這道菜，我仔細的看了看，很不同的是，你還加了枸杞。不但顏色變得更美，相信味道也會更甘甜，看起來色香味俱全！很棒！ (飛兒)

· 這道菜我也是做過呢！自己愛吃到不行，重點可是塞肉的技巧呢！ (小安)

年前總要醃漬一些臘肉收著，這已經變成一種儀式。吃過自己做的，就再也不習慣外面買的。我好喜歡陽台曬著臘肉香腸的場景，這樣可以讓自己更貼近外婆和媽媽。今年做的臘肉多了一道煙燻的程序，吃起來更有一股歲月的味道。

煙燻臘肉

 約 7~8人份

材 料
五花肉約1800克、花椒粒約5克、鹽約50克、高粱酒約50c.c.、細砂糖約10克
煙燻材料
黃耆片1把、紅茶包兩包、黃砂糖1大匙

🥄不藏私步驟

1. 花椒粒＋鹽放在炒鍋中，以小火約炒2～3分鐘炒香放涼。(圖01、02、03)

2. 將五花肉切成約2公分厚條狀，依序將炒好的花椒鹽、高粱酒及細砂糖均勻的塗抹在豬肉上，仔細將材料搓揉進豬肉每個地方。(圖04、05)

3. 豬肉放在乾淨的鍋子中密封，放冰箱冷藏5～7天徹底入味，冷藏其間可取出翻面讓味道平均。(圖06)

4. 醃好的豬肉以棉繩綁好，在有陽光的時候拿出來曬太陽，最好是有紗窗的陽台，避免昆蟲搔擾。陰天沒有太陽也要每天拿到陽台吹吹風風乾。(圖07)

5. 白天曬太陽，傍晚的時候收起放冰箱冷藏，重覆曬乾及風乾的步驟直到豬肉變成褐色。此時臘肉已完成，可以直接烹調或置於冷凍庫保存。(圖08)

6. 生鐵鍋中鋪上一張鋁箔紙，放上黃耆片、紅茶包及黃砂糖均勻撒在鋁箔紙上。圖：(圖09、10)

7. 鍋中放上一層架高的鐵網架，曬好的臘肉自冰箱取出，完全回溫後，將臘肉上面的花椒粒洗去瀝乾水份。臘肉平放在鐵網架上，蓋上鍋蓋。瓦斯爐開最小火，以微火燻製30～40分鐘至臘肉表面呈現金黃色即可 （中間必須翻面3～4次以利表面燻製平均）。(圖11、12)

8. 燻製好的臘肉短時間放冰箱冷藏，長時間放冰箱冷凍保存，約可以保存半年以上。

Carol 烹飪教室

肉販切肉時，份量很難說得準。因此在醃漬時，鹽的份量約是豬肉重量的3%、糖的份量約是豬肉重量的0.5～1%，花椒粒份量約是豬肉重量的0.3%，比例可以視各人喜好增減。

Feeback 格友回應

・LULU過年前曬了臘肉和風雞我有成功哦！自己曬的風味真的超讚的！謝謝Carol！ (LuLu)

格友Patty媽媽好一陣子之前建議希望要做一些黃秋葵的料理，我才發現自己比較少買這個蔬菜。如果有買也大多汆燙一下沾醬料吃。

在市場看到老婆婆在賣自己種的黃秋葵，想起了Patty媽媽的留言，搭配上原本想吃火鍋的肉片，就成了帶有日式風味的料理。黃秋葵也稱為星星菜，造型獨特，熱量低，黏滑的口感很特別。選擇的時候不要選過大的尺寸，以免組織纖維過老。

秋葵肉卷

材 料
黃秋葵10支、梅花豬肉片約300克、熟白芝麻少許
調味料
味噌1/2大匙、熱開水2大匙、味霖1/2大匙、醬油1/2大匙、砂糖1/4大匙

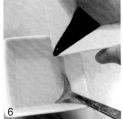

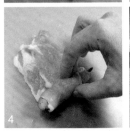

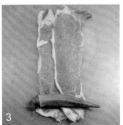

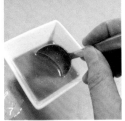

🍴不藏私步驟

1. 黃秋葵洗淨，前方硬蒂切除，放入沸水中汆燙10秒撈起，馬上放入冰塊水中浸泡降溫，撈起瀝乾水份。(圖01、02)

2. 豬肉片將黃秋葵整個包裹起來，若肉片不夠長，可以用兩片肉片接起來包。(圖03、04、05)

3. 味噌放入熱開水中調合均勻，加入其他調味料混合均勻。(圖06、07)

4. 炒鍋中熱兩大匙油，放入捲好的秋葵豬肉捲，記得收口朝下。以小火煎到肉片變色，倒入調味料小火燜煮。湯汁約收乾到一半，就將熟白芝麻倒入，再將湯汁收到快乾即可。(圖08、09、10)

Carol 烹飪教室

1. 我是使用的一般白味噌，看個人喜好，也可以選擇紅味噌。

2. 包裹其中的黃秋葵也可以用紅蘿蔔、蘆筍、小黃瓜等蔬菜代替，若使用小黃瓜請切成條狀，不需要經過汆燙手續。至於吃素的人，有格友表示，也可以以豆皮代替肉片，滋味一樣棒！

47

Feeback 格友回應

· 以前我都是清燙秋葵，謝謝Carol介紹不同做法，我很愛這種醬汁的味道。

(nana)

這是家庭餐桌常常會出現的一道菜，前腿肉不會乾澀，很適合長時間燉煮。經過先炒再燉的過程把油脂都逼出來，吃起來就不會肥膩，飯上再澆上一些湯汁，香氣十足。滷汁完全浸透，表皮晶瑩油亮Q軟。

紅燒肉

約 **4-5人份**

材 料
帶皮前腿肉約500克、青蔥3～4支、薑片3片

調味料
細砂糖1.5大匙、醬油80c.c.、清水240c.c.、米酒60c.c.

不藏私步驟

1. 帶皮前腿肉切成方塊、青蔥切大段備用。切好的肉塊以兩大匙油炒到表面呈現白色狀態就先撈起。(圖01)
2. 細砂糖放入鍋中利用剩下的油炒到呈現咖啡色，加入調味料燒成醬汁。(圖02、03)
3. 醬汁煮沸後，加入青蔥段、薑片，再放入炒過的肉塊、清水及米酒，蓋上鍋蓋煮到沸騰。(圖04、05、06)
4. 煮滾的肉塊全部材料連湯汁移到電鍋內鍋中，外鍋放一杯水蒸煮兩次，再燜40分鐘至肉軟爛即可。(圖07、08)

Carol 烹飪教室

1. 蒸煮兩次是跳起來後，再倒一杯水下去蒸第二次，這樣肉才會燒得軟爛。
2. 敢吃油一點的，也可以用五花肉替代。
3. 肉先炒過是讓肉汁封在裡面，燉的時候也比較不會容易散掉；砂糖先炒一下燉出來的色澤才會比較漂亮。
4. 沒有電鍋也可以直接在瓦斯爐上小火燉煮40分鐘，水量請多加100c.c.。

Feeback 格友回應

· 我最愛吃這種肉了，不過前提是要滷得很爛。咬下去不能有「油」噴出來才行！Carol這道菜看得我口水都快滴下來了！　　　　　　　　　　(小妍)

天氣熱，胃口比較差，來一道香辣的腸旺讓人振奮一下。這一道台式川菜是很多人的最愛，到餐廳都會點一小鍋解饞。自己做更經濟，雖然吃的滿頭汗，不過辣的過癮。

五更腸旺

約 6人份

材料

豬大腸約500克、薑2片、米酒2大匙、鴨血約500克、酸菜3～4片

調味料

花椒粒1大匙、紅辣椒2支、大蒜7～8瓣、薑5～6片、青蔥3～4支、青蒜1支、辣豆瓣醬4大匙、豬高湯600c.c.、鹽1/4茶匙、八角3～4粒

勾芡

太白粉1大匙、冷開水2大匙

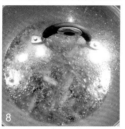

🍳不藏私步驟

1. 燒一鍋水，水滾後，放入大腸、薑片及米酒，以小火燉煮40分鐘。(圖01、02)

2. 大腸煮好撈起放涼切成約2公分段狀、鴨血切塊，酸菜切小塊備用，紅辣椒切段、大蒜切末、薑切末、青蔥切段，青蒜切段備用。(圖03、04)

3. 炒鍋中倒入3～4大匙油，加入花椒粒炒香，續放入紅辣椒、大蒜末、薑末及青蔥段放入炒1～2分鐘，然後將辣豆瓣醬加入拌炒均勻。(圖05、06)

4. 最後將豬高湯（做法請見P.185）、鹽及八角放入煮至沸騰，蓋上蓋子小火燉煮15分鐘。(圖07、08)

5. 湯汁燉好後，將準備好的酸菜、鴨血及大腸放入湯汁中，蓋上蓋子小火燉煮20～25分鐘，最後撒上青蒜片，太白粉水勾芡即可。(圖09、10、11、12)

51

Carol 烹飪教室

1. 若買到沒有清洗乾淨的大腸，請使用筷子將腸子內部翻折出來，撒上麵粉及鹽仔細將大腸內部清洗乾淨。

2. 辣椒、辣豆瓣醬請依照自己喜好酌量增減，鴨血也可以使用豬血代替。

3. 豬高湯部份也可以使用適量市售高湯塊加入600c.c.清水代替，但因為市售高湯塊本身已經含鹽，所以另外添加的鹽必須減少。

4. 吃完剩下的湯汁還可以再加入一塊板豆腐燉煮成麻辣豆腐。

Feeback 格友回應

・謝謝Carol的分享！我們家星期六的晚餐就是參考你的做法做五更腸旺喔！真的很棒！
(chuchu)

我喜歡紹興酒的香味，跟肉類搭配讓料理特別有一股濃郁的芳香。再加上蒜頭一塊醃漬，散發著誘人的風味，不用油就能煎出金黃酥脆的外皮。

蒜香脆皮雞排

約 **4人份**

材 料
去骨雞腿4支、蒜頭3～4顆

調味料
紹興酒2大匙、醬油2大匙、麻油1大匙、砂糖1/2大匙、白胡椒粉適量

🍳不藏私 步驟

1. 雞腿排無皮的那一面以刀輕輕劃幾刀方便入味，蒜頭切碎、所有調味道依序倒入盆中與去骨雞腿充分混合均勻，放冰箱冷藏醃漬過夜。(圖01、02)
2. 醃好的雞腿從冰箱拿出，回復室溫程度（煎的時後才容易熟），平底鍋中不要放油、不需熱鍋，直接將去骨雞腿雞皮部份朝下放置到鍋中。(圖03)
3. 以小火慢慢將雞皮煎到金黃色出油然後翻面煎到金黃，以一根竹籤測試，若能輕易插入且流出的湯汁是清澈的肉汁即可起鍋。(圖04)

Carol 烹飪教室

1. 如果買不到雞腿肉，也可以用帶皮的雞胸肉，雞胸肉較厚，所以在肉的那面多劃幾刀方便入味，也比較容易煎熟。另外雞翅也可以。
2. 因為醃漬的調味料有糖，所以要小火慢煎，以免容易焦，雞皮中的油就會慢慢出來，也不要一直翻動，煎的才會漂亮。同時不需要加油，利用雞皮產生的油脂來煎就會脆。
3. 沒有紹興酒，也可用米酒。醃漬過夜則是密訣之一。

53

小時候每到過年前外婆就曬臘肉，媽媽就曬風雞。兩種做法方式其實都一樣，只是主材料不同，但是做出來的成品風味卻各有特色，這給不喜歡吃臘肉的人另一種參考。風雞蒸出來的湯汁加在米飯中或是拿來煮湯都特別美味。

風雞也稱臘雞，是北方過冬常準備的食物。台北著名的老店「銀翼餐廳」還可以吃到這道料理。

因為風雞醃漬起來不會太鹹，是一道很適合配著啤酒吃的風味小菜。冷冷的天在自己家曬臘味，謝謝外婆和媽媽傳給我的好方法。餐桌上飄著臘香，真的越來越有年味道了。

風雞

約
7~8人份

材料
雞腿1,800克、花椒粒5克、鹽50克、高粱酒50c.c.、細砂糖10克

不藏私步驟

1. 雞腿用水先洗乾淨，然後擦乾。花椒粒、鹽及酒備好。花椒粒＋鹽在炒鍋中炒香放涼，先將高粱酒加內雞腿中，仔細塗抹。(圖01、02)

2. 將炒好的花椒鹽均勻的塗抹在雞腿上，以手仔細將花椒鹽搓揉進雞腿的每一個地方，將加了酒及花椒鹽的雞腿，放入乾淨的容器中密封放冰箱冷藏3天徹底入味。(圖03、04、05、06)

3. 醃好的雞腿以棉繩綁好，在有陽光的時候拿出來曬太陽（最好是有紗窗的陽台，避免昆蟲搔擾）。沒有太陽也要每天拿到陽台吹吹風風乾，傍晚的時候收起放冰箱冷藏。(圖07、08)

4. 重覆曬乾及風乾的步驟直到雞腿表面乾燥泛著油光呈現金黃色即可（連續有陽光約3天左右即可曬好）。(圖09)

5. 吃之前將雞腿洗淨，將上面的花椒粒去除，在雞腿上淋上一些米酒及撒上一大匙冰糖（比較不會過鹹，蒸出來味道更好），放入電鍋中，外鍋1杯水蒸至跳起即可（約蒸15分鐘）。(圖10、11、12)

6. 吃時切塊或是將肉剝下撕成絲，骨頭可以熬湯別有滋味。

Carol 烹飪教室

不論是風雞還是臘肉，最好製作的季節還是冬天，氣溫低加上有陽光才適合。其他季節曬風雞和臘肉，都有風險。不過有建議過馬來西亞的格友，在天氣熱的時候，曬的時間不要太久，每天拿出來曬1～2小時就收起來，似乎也有不錯的成效。但我自己是都在冬天的時候才做。

Feeback 格友回應

· 哇！好好吃的樣子！原來雞肉也可以這麼做啊！多謝分享。 (Belle)

· 以前在餐廳吃過風雞，很特別的風味，聽說做法不簡單呢！沒想到Carol承襲媽媽的好手藝也會做風雞！看了你的做法，真是令我大開眼界呢！ (Sandy)

當歸紹興醉雞

自己酒量不好，但是卻非常喜歡各式各樣的酒。喜歡各式酒瓶瓶身的優雅，喜歡酒香帶著神秘的感覺。雖然喝的少，但是很喜歡添加在甜點及料理中。記憶中的酒不是威士忌，白蘭地這些洋酒，而是陳年高粱及大麴。

父親年輕的時候曾經因為工作而需要去金門及馬祖，帶回了一瓶瓶的高粱及大麴。一樓儲藏室是幼小的我朝聖的地方，看著父親櫃子中各式各樣的酒就覺得好奇。小時候的我很喜歡跟著父親喝幾口，雖然每次都辣的雙頰發紅，卻還是樂此不疲，覺得自己長大了。

有一回爸爸整理東西打破了一瓶陳年大麴，家裡好長一段時間都飄著醉人酒香。

近年來父親年紀漸漸大了，一起喝小酒的機會也少了，但是儲藏室那一瓶瓶的老酒是我與父親連結的記憶。

格友冬冬點了這道醉雞，剛好是我喜歡的料理。所以很快的速度就到市場買了兩隻漂亮的無骨雞腿。有加酒的料理我都沒辦法抗拒，光聽料理名稱就覺得醉了。熱熱的天切一盤冰涼的醉雞暑氣就消一大半。

約 5-6人份

材 料

無骨雞腿2隻、鹽1/2大匙、青蔥2支、薑片2片、綿繩適量

醃料

紹興酒300c.c.、雞高湯600c.c.、當歸片1片、枸杞少許、鹽適量

不藏私步驟

1. 雞腿內外均勻抹上1/2大匙鹽，醃漬30分鐘。（圖01）
2. 雞腿密實捲起，以棉繩分段綁緊成為一個柱狀。（圖02、03）
3. 燒一大鍋水（水量必須能夠蓋過雞腿）煮至沸騰，加入雞腿、蔥及薑，蓋上蓋子，以中火煮至整鍋水完全沸騰就關火，蓋著蓋子燜25分鐘。（圖04、05、06）
4. 燜好的雞腿拿出來馬上放入冰塊水（冷開水）中迅速降溫至冷卻，這樣雞肉才會有彈性。（圖07）
5. 煮雞腿的雞湯取600c.c.，放入當歸片與枸杞至涼，湯放涼後，將紹興酒倒入混合均勻，加適量的鹽調味（可以稍微鹹一點，浸泡才會入味））。（圖08、09）
6. 雞腿置於保鮮盒中，倒入紹興酒湯汁直接浸泡，冰在冰箱24～48小時即可，吃時將繩子解開切片食用。（圖10、11、12）

Carol 烹飪教室

醉雞好吃就是不能把雞肉煮到老，這樣的雞肉會乾澀，所以都是用半煮半燜的方式，而且水量必須足夠，不然水很容易冷卻，燜的過程熱就比較傳不進去。

Feeback 格友回應

· 被Carol的酒香吸引來，跟著做出好吃的醉雞，想跟Carol分享我的紹興醉雞，謝謝你！
（bonita）

星期天在通化街市場看到有賣小芋頭的攤子，很興奮的買了兩斤回來。這小芋頭是我小時候最喜歡的零食之一，吃起來口感跟大芋頭完全不同。綿密Q軟，而大芋頭的口感就比較酥鬆。挑選的時候不要選太大，約雞蛋大小比較能入味。媽媽最常做的就是將芋頭跟雞肉一塊紅燒，雞肉因為芋頭的滑潤變的更好吃。買不到這種小芋頭，大芋頭也可以這麼做，我覺得兩種做出來各有各的風味。

 芋芿燒雞

約
4~5人份

材 料
芋芿8～10個（約雞蛋大）、雞腿肉（切塊）約4隻、薑2～3片、青蔥2支、紅辣椒1支

調味料
醬油1.5大匙、黃砂糖1大匙、紹興酒2大匙、冷開水150c.c.、鹽適量

不藏私步驟

1. 芋艿洗淨去皮蒸熟，或是先蒸過再將皮剝掉，較不會手癢。(圖01、02)

2. 青蔥切段、辣椒切片，鍋中放入兩大匙油，將紅辣椒及薑片蔥白放入炒香。(圖03)

3. 加入切塊的雞腿肉，炒至泛白的程度，加入蒸熟的芋艿翻炒，將調味料倒入，蓋上鍋蓋小火燜煮到湯汁收乾。(圖04、05、06)

4. 起鍋前將蔥綠部份加入翻炒一下即可。(圖07、08)

Carol 烹飪教室 沒有小芋頭，我也用過大芋頭加上紅蘿蔔做的版本，芋頭燒到有一點糊狀是最可口的，雞腿肉沾裹上燒得軟爛的芋泥，這是老公最愛的一味。

Feeback 格友回應

· 看到了這些粉粉鬆軟的芋頭真是讓人口水直流啊！　　　　　　(乳牛姨)

· 有時間來做看看，看起來很可口！謝謝！　　　　　　　　　(小雲子)

這是一道簡單的無油煙料理，將雞肉醃漬入味再加上新鮮香菇上籠蒸熟就好了。菇鮮肉香，雞肉拌上雞白會特別滑嫩，蒸出來的湯汁淋在飯上也好吃，熱熱的上桌胃口好！

蠔油鮮菇蒸雞

約 **4-5人份**

材料

去骨雞腿2支、新鮮香菇、青蔥1支、薑2～3片

調味料

米酒1大匙、蠔油1大匙、糖1/4大匙、麻油1/2大匙、太白粉少許、雞蛋白1個

不藏私步驟

1. 雞腿切大丁,鮮香菇切塊,青蔥切大段,留部份切蔥花。(圖01)
2. 雞腿加上青蔥段,薑片及所有調味料醃漬1個小時入味。(圖02、03)
3. 鮮香菇拌入醃好的雞腿丁中,裝入盤中。(圖04、05)
4. 燒一鍋水,水滾就將盤子放入,大火蒸15分鐘。以一根竹籤測試雞肉,若能輕易插入且流出的湯汁是清澈的肉汁,即可起鍋。起鍋後淋上少許麻油,撒上青蔥花即可。(圖06)

Carol 烹飪教室 調味料項目裡的麻油1/2大匙跟起鍋時淋的少許麻油是同一種麻油,醃好的醬汁也要拌入,這樣香菇才沾的到,味道才夠。

61

選擇青蔥便宜的時候，用大量的蔥來料理肉類很適合。蔥經過油燜燒會產生甜美的口感，原本是配料的它反而變成主角，在料理中發揮了最好的效果。而雞肉吸收了蔥的香氣、黃砂糖的微甜，肉的口感更具變化，也是一道極佳的便當菜。

蔥燒雞翅

約
5人份

材 料

雞翅10支、青蔥1把（約8～9支）、紅辣椒1支、薑3～4片
調味料

米酒2大匙、蠔油2大匙、醬油1大匙、鹽適量、黃砂糖1茶匙、
白胡椒粉適量、雞高湯150c.c.

不藏私 步驟

1. 雞翅洗淨，青蔥、紅辣椒洗淨，薑片備好。（圖01）

2. 熱油鍋，放入兩大匙油，倒入辣椒片及薑片炒香，加入雞翅，轉中小火將雞翅兩面煎到微微金黃，放入蔥白部份翻炒1～2分鐘。（圖02、03）

3. 雞高湯（做法請見P.185）及所有調味料放入混合均勻，蓋上蓋子小火燜到湯汁收乾到剩下1/3量，最後將剩下的青蔥部份加入再燒2～3分鐘即可。（圖04、05、06）

Carol 烹飪教室

1. 我習慣使用黃砂糖做料理，黃砂糖比較沒有那麼精緻，可以攝取一些礦物質，不過使用一般的糖也沒問題。

2. 除了雞翅之外，用小雞腿也可以入菜，一樣好吃！

Feeback 格友回應

· 我也做成功囉！好好吃喔！謝謝你，最近我都在你這裡看有什麼菜是我會煮的，這樣餐桌才會有變化耶！　（貴妃）

鹽酥雞是台灣街頭巷尾常常看到的小吃，有時候過馬路經過都會被街角的小攤子飄出來的香味吸引，忍不住也會買一包解饞。自己做可以多做一些冷凍起來，想吃的時候拿出來再炸一次就恢復酥脆！晚上窩在沙發看電視，吃著熱騰騰又酥脆的鹽酥雞，真是享受！

鹽酥雞

約 3人份

材料
帶骨雞胸肉1個、青蔥2支、薑3片、蒜頭3瓣

調味料
醬油1大匙、米酒1大匙、醬油膏1大匙、五香粉1/4茶匙、砂糖1/2大匙

炸製沾料
地瓜粉約100克、九層塔適量、胡椒鹽及辣椒粉各適量

🍴不藏私 步驟

1. 帶骨雞胸肉連骨頭切成小塊（是否去雞皮視個人喜好），蒜頭切片，將所有材料及調味料與切塊的雞肉塊混合均勻，密封放到冰箱冷藏過夜醃漬入味。(圖01、02、03、04)

2. 炸之前從冰箱取出回溫，醃好的雞塊均勻沾上一層地瓜粉。(圖：05、06)

3. 鍋中倒入適量的油，油熱後才將沾好地瓜粉的雞塊放入炸至金黃撈起，稍後涼一些，再度將油加熱，把雞塊放入再炸一次，這樣才會更酥脆。(圖07、08)

4. 最後將洗淨瀝乾的九層塔放入鍋中炸一下，炸好撈起放在網架上瀝油。吃的時候再依照個人喜好撒上胡椒鹽及辣椒粉。(圖09、10、11、12)

Carol 烹飪教室

1. 沒有帶骨雞胸肉也可以使用去骨雞胸肉。

2. 如果不是馬上吃，炸到步驟3不要炸到太黃就可以撈起來，放涼後放冰箱冷凍保存，要吃的時候取出不需退冰再炸一次即可。

3. 下鍋時雞塊表面要有一層乾粉，不可以是濕潤的，第一次就需炸到乾，再下鍋才不會黏在一起。

65

Feeback 格友回應

· 我家都好愛這鹽酥雞呢！我女兒一邊吃一邊豎起大拇指，真的太謝謝Carol。
(艾蜜莉媽媽)

我們家有兩道菜是我不動手的，一道是麻油雞，一道是炒三杯雞。只要想吃這兩道料理，掌廚的人就換成叟。為什麼我不做？因為第一次吃到他炒的三杯雞就讓我驚豔，湯汁收的剛剛好，肉也炒的入味，從此這道料理都讓他表演，我只要在旁邊大聲的說好吃就好！

炒三杯雞中的蒜頭是最好吃的，蒜頭燜煮到完全吸收精華，吃起來軟綿可口，不會有蒜頭的辛辣感。

三杯雞

約4人份

材料
無骨雞腿肉3隻、蒜頭8～10粒、九層塔、紅辣椒、薑片4～5片
調味料
麻油、醬油、米酒各100c.c.

66

不藏私 步驟

1. 雞腿肉切適當大小，蒜頭整顆去皮，辣椒、薑切片，九層塔洗淨瀝乾備用。(圖01)
2. 起油鍋，薑片以麻油爆香，依序將蒜頭、紅辣椒加入炒香。(圖02)
3. 雞腿肉放入鍋中炒香至金黃，加入醬油、米酒調味料。(圖03)
4. 中火燒到湯汁收乾，起鍋前加入九層塔再翻炒一下即可。(圖04)

Carol 烹飪教室

1. 雞腿肉可以換成雞小腿或是雞翅，海鮮則可用透抽、小卷等，也都很下飯。
2. 老薑和麻油是這道菜的重點，爆得乾煸的老薑非常有味道。
3. 用生鐵鍋煮這道料理比較容易把湯汁收乾，再放入砂鍋裡保持熱度。
4. 素食者可以將肉換成杏鮑菇喲！
5. 用陶鍋是為了保溫，很多料理店是直接使用陶鍋爆炒三杯。
6. 有格友住在國外，沒有米酒或料理酒可以使用。其實只要是穀物釀造的酒都適合，威士忌也可以呢！

Feeback 格友回應

· 葷素兩種三杯雞我都愛耶！我也偶而會做來吃，百吃不膩！　　　　　　　　　　(小魚)

· 三杯料理真的百吃不厭，我也喜歡這道料理呢！　　　　　　　　　　　　　　(may)

· 三杯的料理很下飯，尤其那九層塔撲鼻而來的香味，彷彿我現在就聞到了！　　(shirley)

上星期給貓咪開罐頭，一不小心被罐頭蓋割傷了手。這一割到，好幾天都不能進廚房為所欲為。一家子的吃吃喝喝都靠Jay幫忙準備，我也樂的只出張嘴，在客廳吆喝喝當山寨王！

手乖乖休息了幾天，沒有碰水，傷口已經完全癒合。這幾天都是Jay在廚房忙，我坐在客廳跟貓玩順便偷看他忙碌的背影。看他偶爾慌張的大聲問我：這一道要不要加蔥？要放多少油？

謝謝老公，我們這幾天享用了好豐富的料理！

自己曬的蘿蔔乾還有一些，聽到格友提過她用蘿蔔乾來燉雞，我也好想試試。加上大量蒜頭一塊熬煮，幾乎不需要加鹽，蒜頭燉的軟綿，湯頭味道鮮美，真是好喝！

蘿蔔乾蒜頭雞湯

約 3-4人份

材 料
雞腿4支切塊、蘿蔔乾約150克、蒜頭8～10瓣、青蔥2支、薑2～3片
調味料
米酒2大匙、鹽適量

不藏私 步驟

1. 青蔥切大段,薑切片,燒一鍋水,水燒開將雞腿及1/3份量的蔥段及薑片放入,汆燙到雞腿塊變色就撈起。(圖01)

2. 再重新燒一鍋水,水量需蓋過全部材料,放入薑片、整顆蒜頭及青蔥段煮沸,再將蘿蔔乾、雞腿塊及米酒加入。(圖02、03、04)

3. 煮至沸騰後,以小火熬煮30～35分鐘至雞腿到自己喜歡的軟度即可。(圖05、06)

Carol 烹飪教室 因為蘿蔔乾本身是鹹的,熬煮後其中的鹽會融入湯中,所以鹽的份量請特別斟酌,若夠鹹就不需要添加。

69

Feeback 格友回應

· 這有點像客家料理的老菜圃雞湯,光看就覺得味道很讚了! (小蜜蜂)

· 這湯我媽媽也常煮啊!非常的美味,只是第兩次回鍋的時候最好是加點水再煮過才不會太鹹哦!每次總要喝上好幾碗湯,通常都是雞腿還有湯已經見底了! (james)

這是奶奶每到過年時一定會準備的一道素菜，在過年時滿桌大魚大肉的年菜中是一道清香素淨的料理。為了找齊這10樣菜，我跑了兩個賣場，就是為了買黃豆芽，因為黃豆芽的味道比綠豆芽更好，而且形狀像如意一樣，可以在過年時討個吉利。乾金針也可以用新鮮的金針代替，10種蔬菜在口中彼此協調有脆有軟的口感，炒出來真是好吃。

過年前可以多準備一些，放在冰箱可以吃涼的。想吃的時候挾一些淋上香油拌一下就可以上桌，吃了這道菜期望新的一年能夠十全十美。

十香菜

約**6人份**

材 料

紅蘿蔔1/3個、黑木耳3片、乾燥香菇4朵（新鮮香菇也可）、白蘿蔔1/4個、熟竹筍1/2個、豆干4片、炸豆包2片、乾燥金針1小把、黃豆芽1大把、芹菜3～4支

調味料

醬油1大匙、糖1茶匙、鹽1/4茶匙、麻油2大匙、白胡椒粉少許

1

2

3

4

5

6

🍳不藏私步驟

1. 乾燥香菇泡冷水軟化，金針泡清水軟化，所有
   蔬菜除了黃豆芽與金針外全部切成細絲備用。
   （圖01）

2. 鍋中倒入3大匙油，先將紅蘿蔔炒軟，再依序
   將黑木耳、香菇、白蘿蔔及竹筍放入翻炒，
   然後再將金針、豆干及炸豆包放入翻炒1～2
   分鐘，加入適當的調味料混合均勻。（圖02、
   03、04）

3. 最後將黃豆芽及芹菜加入翻炒1分鐘即可。（圖
   05、06）

Carol 烹飪教室

這是家中長輩傳下來的年菜
之一，現在也是我們家過年
必備的菜餚。用新鮮金針炒起來比較容易
泛黑，可以用乾金針替代。讀者過年前有
時間時可以多準備一些，放在冰箱隨吃隨
拿很方便。

Feeback 格友回應

· 小過年也照Carol的食材炒了一大盤，還
  特地買了春卷皮讓大家包來吃反應還不
  錯。　　　　　　　　　　　（小貓咪）
· 昨晚我也炒了一盤，其中幾樣菜有稍微
  更改，但是依然口感十足，讓我吃得非
  常開心，謝謝Carol提供如此好菜食譜！
  　　　　　　　　　　　　　（薄荷糖）

這是與格友小朋友在部落格對話時，她分享給我她媽媽做的一道料理。聽到她說起媽媽的好料開心的模樣，真的很可愛。她敘述了做法，我馬上想起這道料理也是父親的最愛，酸中帶點微甜在炎熱的夏天是可口清爽的味道。我竟然忘記了我最喜歡的馬鈴薯可以拿來做這一道菜。

將馬鈴薯泡水去除掉一些澱粉，這樣炒起來特別清脆，還帶點竹筍的感覺，完全不同於平時習慣將馬鈴薯煮到軟爛的口感，加上酸酸的味道，是很開胃的一道料理！

醋溜馬鈴薯

約 4人份

材 料
馬鈴薯（小）3個、紅辣椒1支、青蔥1支
調味料
白醋4大匙、黃砂糖1茶匙、鹽1/3茶匙

不藏私 步驟

1. 準備一盆冷水，加入1大匙米醋，馬鈴薯去皮切成粗絲，泡在醋水中10分鐘，然後再換一盆水放置10分鐘去除澱粉，最後將馬鈴薯絲撈起，水份瀝乾。紅辣椒切片，青蔥切段備用。(圖01)

2. 鍋中熱兩大匙油，放入紅辣椒片及青蔥段爆香，加入瀝乾水份的馬鈴薯絲及鹽快炒至馬鈴薯熟（不要過久，否則馬鈴薯就失去清脆的口感）。(圖02、03)

3. 最後加入適量的白醋及糖混合均勻即可起鍋。(圖04、05)

Carol 烹飪教室

市面上看到的馬鈴薯大約有2種形式：

男爵馬鈴薯—最常見，皮較光滑、形狀較圓，芽眼比較清楚。這一種澱粉較多，水份少，適合炸的料理。(圖06)

5月皇后(May Queen)—形狀較細長，皮較粗糙，芽眼比較不清楚，適合燉、燜，煮等料理。(圖07)

如果是要做這一道，我建議選男爵馬鈴薯，炒起來會比較脆。

73

Feeback 格友回應

· 夏天吃這道菜最棒了，酸酸的好開胃啊！ (淇淇媽咪)

· 這道菜朋友做過，吃起來真的很清爽！他常跑大陸，說這道是大陸北京名菜，他們稱馬鈴薯叫土豆。 (貝兒)

收到了好朋友Gloria送來自家種的高麗菜，漂亮又大顆。一葉一葉剝下來燙軟，再淋上蒜頭辣椒醬油。

這道料理看起來美麗又清爽，讓人暑氣全消，簡單就可以吃到高麗菜的脆綠鮮甜。不油不膩，是自然單純的原味！

高麗菜卷

約 4人份

材 料
高麗菜葉4～5片
調味料
醬油1大匙、香油1大匙、烏醋1茶匙、糖1/2茶匙、蒜頭2瓣、辣椒1/3支

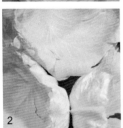

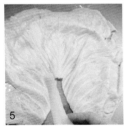

🍳不藏私步驟

1. 高麗菜葉完整的剝下洗淨瀝乾，燒一鍋水，水中加入少許鹽，將高麗菜葉放入燙軟撈起放涼。(圖01、02、03、04)

2. 放涼的高麗菜葉平鋪，根部較硬的梗子切下來。高麗菜葉對折，將切下來的梗子部份放上包在中心然後緊密捲起。(圖05、06、07、08)

3. 蒜頭、辣椒切末，調味料依序加入混合均勻。(圖09、10、11)

4. 高麗菜卷切成適合的大小然後淋上調味料即可。(圖12)

Carol 烹飪教室

1. 高麗菜背部根部處先切斷，會比較好剝得完整。

2. 也可以加燙熟的肉、菇類、紅蘿蔔絲與碗豆苗或豆皮進去一起捲，會有不同滋味。

Feeback 格友回應

·謝謝Carol的分享，看了你分享的很多好吃的料理，昨天才第一次真正動手試試，我把醬料改成家中小朋友愛吃的黑胡椒醬，頗受歡迎呢！來不及記錄就清光了！再次感謝！ (簡單生活)

四喜烤麩是一道素的涼菜，媽媽每逢過年就會多做一些冰在冰箱，餐桌上就隨時多了一道即食的料理。四喜指的就是乾香菇、金針乾、鮮筍，木耳這四樣。四喜烤麩口味要偏甜才比較好吃，是上海年節常見的料理。

四喜烤麩

約 5~6人份

材 料
烤麩10塊（約260克）、乾香菇6～7朵、乾燥金針1把、熟竹筍1個、木耳2～3片

調味料
醬油3大匙、砂糖1.5大匙、鹽1/8茶匙、冷開水100c.c.

不藏私 步驟

1. 乾香菇泡冷水軟化切片，金針乾泡熱水、竹筍、木耳切成片狀。烤麩用滾水汆燙1分鐘撈起放涼將水擠乾切成0.5cm片狀。(圖01)
2. 鍋中放約4大匙油，油熱將烤麩放入小火煎至兩面金黃盛起備用。(圖02、03)
3. 鍋中再放1大匙油，依序將木耳、香菇、竹筍及金針乾放入鍋中拌炒2～3分鐘(圖04、05)
4. 最後將烤麩及所有調味料加入，以中小火熬煮至湯汁收乾。放涼吃味道更佳，吃之前淋上少許香油拌勻即可。(圖06、07、08)

Carol 烹飪教室

烤麩也可以自己做，不過須使用麵筋粉，台灣不易買到。如果有買到麵筋粉，就可自己做。

材料：麵筋粉（Wheat Gluten Flour約200克）、清水300c.c.、一般乾酵母1/2茶匙

做法：

將所有材料攪拌成糰發酵8～10小時，上籠蒸30分鐘，蒸好不要馬上開鍋蓋，等涼了再打開，切成小塊就可以。

Feeback 格友回應

· 這四喜烤麩我們家也愛吃，尤其是吸收湯汁的烤麩，超下飯的！很有家鄉風味的一道菜！　　　　　　　　(妮妮)

如果不是因為格友joice來跟我提起「黑嚕嚕」這道有趣的菜名，我永遠不會把皮蛋跟絞肉組合在一起。上網查了一下，才知道「黑嚕嚕」是桃園一家餐廳很受歡迎的料理。雖然我還沒有機會去桃園品嚐，但是腦中一直惦記著這樣的組合會產生出甚麼樣的火花。

我用麻婆豆腐的調味方式將皮蛋與絞肉搭配起來，炒出來真是好下飯。今天煮的一鍋飯因為有了這一道菜色，差一點不夠吃呢！

麻婆皮蛋

 約4人份

材　料
皮蛋3～4個、絞肉約200克、青蔥1支、蒜頭2瓣、紅辣椒1支、嫩薑2～3片

調味料
辣豆瓣醬1大匙、鹽適量、醬油膏1大匙、醬油1大匙、米酒1大匙、清水2～3大匙

不藏私 步驟

1. 皮蛋切成丁狀、絞肉備好、青蔥切蔥花、紅辣椒、蒜頭切片,嫩薑切末備用。(圖01)

2. 鍋中放入1～2大匙油,將絞肉放入炒熟至變色,將蔥花、蒜頭片、辣椒片、薑末放入炒香。(圖02、03)

3. 加入調味料拌炒均勻,蓋上蓋子小火燜煮一會讓肉入味,將皮蛋加入拌炒均勻。(圖04、05)

4. 最後撒上些青蔥末翻炒一下,起鍋前淋上一些麻油即可。(圖06、07)

Carol 烹飪教室 麻婆皮蛋我沒有吃過原版,所以不知其中的差異。這只是我個人憑著網路查的資料,自行變化出來,提供給大家參考。

79

Feeback 格友回應

· 親愛的Carol,今天用了你這個配方做菜,好好吃喔!真的很下飯!不敢吃皮蛋的我也是舀了兩大匙呢!謝謝你!

(欣)

· Carol,這道菜真得很好吃!我也依照這個方子做了,很下飯! (綠茶仙子)

洗出來的麵筋觸感好Q好有彈性，稍微油煎一下還有著烤麩的口感。

剩下來的澱粉如果經過乾燥處理，就是做水晶餃的澄粉，在家簡單蒸製就是QQ的粉皮，用來涼拌或加蔬菜拌炒一下都適合。

麵筋炒鮮蔬

約 **4**人份

材 料

自製麵筋約150克、杏鮑菇2個、木耳適量、甜豌豆適量、蝦米1小把

調味料

紹興酒1/2大匙、鹽1/3茶匙、醬油1大匙、白胡椒粉1/6茶匙

不藏私 步驟

1. 杏鮑菇、木耳切片,甜豌豆去筋絲、蝦米以兩大匙紹興酒泡5分鐘撈起備用。(圖01)
2. 鍋中適量的油將蝦米炒香,加入木耳及杏鮑菇翻炒1～2分鐘,加入適量清水炒至杏鮑菇變軟。(圖02、03、04)
3. 加入麵筋及泡過蝦米的紹興酒及調味料翻炒,蓋上鍋蓋燜煮至湯汁收乾,最後將甜豌豆加入炒熟即可。(圖05、06、07、08)

Feeback 格友回應

·好棒哦!第一次來訪就看到這篇麵筋＋粉皮的做法,真是太感謝了!可以讓遠在阿根廷的我DIY呢! (米米)
·才在想說沒有烤麩,那就買這兒的麵筋解解饞吧!竟然就看到「自製麵筋」,而且還附贈粉皮的做法。Carol真是嘉惠我們這些異鄉的遊子呀! (Sylvia)

Carol 烹飪教室

自製麵筋/粉皮不麻煩

材料：高筋麵粉約300克、冷水190c.c.、鹽1/4茶匙

麵筋 製作步驟

1. 所有材料倒入盆中攪拌搓揉10分鐘，成為一個光滑不黏手的麵糰（務必揉搓10分鐘讓麵粉產生筋性），揉好的麵糰蓋上擰乾的濕布鬆弛30分鐘。（圖01、02、03、04、05）

2. 鬆弛好的麵糰倒入清水，以手搓洗，反覆搓揉像洗毛巾一樣將白色的澱粉搓洗出來。洗出來乳白色的水不要倒掉，以大盆子裝起來備用做粉皮。（圖06、07、08）

3. 繼續加入清水用手搓洗直到洗出來的水不再是乳白色為止（約洗5～6次），此時的麵筋會像棉花狀。（圖09、10）

4. 洗好的麵筋以塑膠袋密封放冰箱冷藏至隔天，冷藏好會變成完整一糰QQ有彈性的麵筋。（圖11、12）

5. 將麵筋切成小塊放入鍋中用適量的油煎成膨脹金黃色即可，煎時盡量分開，否則會互相沾黏，等兩面都過了油就不會沾黏了，不喜歡用油煎可以用水煮熟。（圖13、14、15）

粉皮 製作步驟

1. 洗麵筋剩下的水靜置2～3小時後，將上方較清澈的水倒掉（不能全部倒完，需保留澱粉上方約0.5公分高度左右的液體，液體留的多寡會影響蒸出來粉皮的口感，留的多蒸出來比較軟，但是不好操作拿取；留的少蒸出來比較Q，請自行斟酌）。（圖01、02）

2. 不鏽鋼淺盤上均勻塗抹上一層油，以打蛋器將底部的澱粉與水攪拌均勻，沉在底部的澱粉要稍微用一點力慢慢攪拌均勻。（圖03、04）

3. 攪拌好的麵糊到入抹油的鐵盤中約0.5公分厚，放入已經沸騰的蒸鍋中蒸10～12分鐘即可。蒸好後可以將不鏽鋼淺盤放入冷水中讓底部迅速冷卻，放涼後在蒸好的粉皮表面刷上一層油，才不會沾黏。（圖05、06、07、08）

4. 粉皮從鐵盤上取出切成適當寬度的條狀即可，若有剩下的粉漿再依此程序製作完成。（圖09）

自製麵筋剩下來的澱粉水，可以用來做粉皮。做好的粉皮切成適當的條狀，加上一些當季的蔬菜，就是一道吃起來類似河粉口感的熱食。

時蔬炒粉皮

約 3-4人份

材料
粉皮約150克、紅蘿蔔1/6個、木耳1〜2片、洋菇5〜6朵、玉米筍4〜5支、小黃瓜1條

調味料
鹽1/4茶匙、醬油1大匙、糖1/4茶匙、清水100c.c.、麻油少許

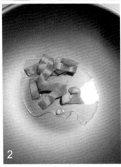

不藏私步驟

1. 粉皮切1公分條狀，紅蘿蔔、木耳、洋菇及小黃瓜切片，玉米筍切段備用。(圖01)
2. 鍋中倒入兩大匙的油，放入紅蘿蔔炒1～2分鐘，依序加入木耳、洋菇及玉米筍翻炒1～2分鐘。(圖02、03)
3. 加入粉皮及所有調味料、清水混合均勻，蓋上鍋蓋燜煮至湯汁收乾。(圖04)
4. 最後加入小黃瓜及麻油翻炒1分鐘即可。(圖05、06)

Carol 烹飪教室

1. 粉皮用途很廣，也可以用麻醬拌成麻醬口味，滋味不凡。
2. 這和另一種以綠豆製成的粉皮不一樣，這種口感較Q。
3. 有格友問作粿的米打成漿之後，擠出來的米水是否也能做成粉皮？其實粉皮是利用沉澱在底部的澱粉來做的，如果做粿剩下的米水也有澱粉沉澱，那也可以照此方式蒸出腸粉的外皮，包上蝦仁或叉燒就是港式飲茶店的點心了。

Feeback 格友回應

· 這個做法很棒耶！一次可以做兩道菜，充分利用食材和節省時間。　(lumame)
· 好厲害！一點都不浪費呢！一定要找一天來試試看！Carol家對我來說也是藏寶地之一，不管是麵包或是點心，連中式的都有，而且步驟齊全，謝謝你的分享！　(Portia)

Leo下星期的期末考結束也要放暑假，家裡又可以多個好幫手。我記起他幼稚園中班的時候，那年的暑假我剛好轉換工作，有兩個月時間的休息。我們母子在家比賽背唐詩，他用著軟軟甜甜的童音跟著錄音帶唸英文，小手在鋼琴黑白鍵上摸索著。

在我忙碌的職場生涯中，那一年的暑假很珍貴。我暫時拋開工作壓力，跟Leo渡過一個朝夕相處的快樂時光。看到他現在長高長壯的背影，再回想他幼稚園的模樣，才知道時間如此快速。

星期一無肉日，準備一道可口的豆腐料理。

照燒豆腐

約 4人份

材料
板豆腐1塊、嫩薑2片、太白粉適量、青蔥1支、熟白芝麻適量

調味料
味霖2大匙、醬油2大匙、糖1大匙、清水1大匙

不藏私步驟

1. 板豆腐放在盤中20～30分鐘，將滲出多餘的水份倒掉，調味料等備好。青蔥洗淨瀝乾水份切末、嫩薑切末備用。(圖01)

2. 板豆腐切成厚約1.5公分片狀，沾上薄薄一層太白粉。(圖02、03)

3. 鍋中放入4～5大匙油，油熱將沾好太白粉的豆腐放入，以中小火煎至兩面金黃先盛起。(圖04)

4. 原鍋中留約1大匙油，放入薑末炒香，依序加入味霖、醬油、糖及清水小火煮至沸騰。(圖05、06)

5. 放入煎好的豆腐，以小火煮至豆腐上色，醬汁變濃稠，最後撒上些許熟白芝麻混合均勻。吃的時候可以依照個人喜歡搭配青蔥末。(圖07、08、09)

Carol 烹飪教室 味霖是日式調味料，可取代米酒去腥並增加甘甜，還可以增加食物的光澤。在一般超市或賣場都可以買到，如果沒有的話，可用米酒：糖：冷開水1：0.5：1 這樣的比例混合均勻來代替。

Feeback 格友回應

· 參照你照燒豆腐配方，作出來的豆腐真是美味可口，午餐都忍不住多吃了幾口飯。　　　　　　　　　　(小毅媽媽)

好多年前在香港吃過一次生炒臘味糯米飯就念念不忘，糯米飯香香QQ，越嚼越有味。過年期間我都會準備一些臘味，剛好讓我回味一下這個懷念的味道。翻炒的過程要多一點耐心將糯米飯搗鬆，味道才會平均。炒完這鍋糯米飯，手勁變的更有力！

生炒臘味糯米飯

約 4人份

材 料
長糯米約250克、臘肉1小塊、肝腸及臘腸各1條、雞蛋2個、青蔥1支

調味料
清水3大匙、紹興酒1大匙、蠔油1.5大匙、糖1茶匙、鹽適量

🍴不藏私步驟

1. 長糯米洗淨泡水5～6小時，臘味備好。蒸籠鋪一塊粿巾，將長糯米撈起平均鋪在粿巾上，水大滾後將蒸籠放上，以大火蒸40分鐘（中間開蓋3～4次，朝長糯米上大量灑水）。(圖01、02)
2. 臘肉、肝腸及臘腸以米酒擦拭，放在蒸好的糯米上方，再以大火蒸20分鐘。(圖03)
3. 蒸好的臘肉、肝腸、臘腸及糯米取出，將臘肉、肝腸、臘腸切成小丁。(圖04)
4. 炒鍋中放入3～4大匙油，油熱將打散的蛋液倒入，炒散撈起。(圖05、06)
5. 再將切丁的臘味放入炒香，最後將糯米飯加入，淋入3大匙清水，不停以鍋鏟將糯米飯搗鬆與臘味混合均勻。(圖07、08、09)
6. 最後將調味料、事先炒好的蛋及切蔥花的青蔥加入，翻炒混合均勻即可。(圖10、11、12、13)

Carol 烹飪教室

1. 依此方式蒸出來的糯米飯比較有嚼勁，若不喜歡這樣口感，或是家中有小朋友老人家不適合，可以直接用電鍋加水將糯米煮熟，水量與糯米飯的比例約是0.9：1，其餘炒製步驟皆相同。
2. 翻炒的過程會比較累，要有耐心將糯米飯搗鬆，味道才會平均中間可以適量加一些油讓過程更順利。
3. 用米酒擦拭臘肉、臘腸、肝腸的目的是為了去腥，使味道會更好。

Feeback 格友回應

· 這飯看起來粒粒分明，看了真是令人食指大動，飢腸轆轆！　　　　(Garce)
· 香Q的糯米飯，和好滋味的港式臘腸，真是讓人一吃難忘！　　　　(eileen)

這一道中式料理其實就是把很多食材煮在一起，最後勾芡成為濃濃的湯汁，然後澆在飯上就可以開動了，愛吃什麼就加什麼，沒有什麼限制，煮好就是一鍋好料！

八珍燴飯

 約 4人份

材 料
豬肉片約70克、鵪鶉蛋8～10顆、花枝約100克、蝦仁約100克、紅蘿蔔1/4個、熟竹筍1/2個、草菇約60克、青豌豆莢1小把、百果約50克、青蔥2支、薑3～4片

醃豬肉調味料
醬油1/2茶匙、米酒1/2茶匙、太白粉1/2茶匙、蛋白少許

調味料
高湯500c.c.、醬油1大匙、紹興酒1大匙、鹽1/3茶匙、白胡椒粉少許

勾芡
太白粉2大匙＋清水1大匙

🍴不藏私步驟

1. 豬肉片加入醃豬肉調味料混合均勻放置20分鐘醃漬入味，青蔥切段、花枝切片、紅蘿蔔切片、熟竹筍切片備用。花枝及蝦仁加入1大匙米酒醃一下去腥。(圖01)

2. 鍋中倒入3大匙油，油燒熱將鵪鶉蛋過油炸至金黃（不喜歡此步驟可以省略）。依序將花枝、蝦仁加入炒熟先盛起，原鍋加入肉片翻炒至熟盛起。(圖02、03、04、05)

3. 原鍋中將青蔥段及薑片放入炒香（油不夠的話可以再加1大匙），依序將紅蘿蔔、熟竹筍、草菇及百果加入翻炒均勻。(圖06、07)

4. 倒入高湯及所有調味料煮至沸騰，加入鵪鶉蛋、肉片、花枝及蝦仁煮沸。(圖08、09)

5. 最後加入青豌豆莢翻炒均勻，以太白粉水勾芡即可，連湯汁一塊淋在熱飯上享用。(圖10、11、12、13)

Carol烹飪教室 豬肉片及花枝、蝦仁最好先用調味料醃漬入味，炒出來才會好吃！

Feeback 格友回應

· 似乎不太難，很謝謝你的分享。看起來好好吃，也很有營養、又漂亮。原來蔬菜的配色有如此棒的組合。　（小阿姨）

· 我也很喜歡吃這種燴飯，因為一次可以吃的很多種的食材，而且小朋友最愛吃這種滑滑的飯，改天一定要來做做看呦！　（Judy）

這一陣子除了高麗菜便宜，白花椰也好便宜。我喜歡白花椰，加一點蝦米炒就好吃。搬了3顆白花椰回家，想起格友惡魔在我做高麗菜飯時曾經跟我提過，他媽媽都是用白花椰來做好吃的菜飯。這讓我好開心，好吃的白花椰可以變成美味的菜飯。

煮好的菜飯好甘甜，跟高麗菜飯有異曲同工之妙。準備一鍋花椰菜飯，挾一盤泡菜，晚餐輕鬆解決。

花椰菜飯

約 5-6人份

材 料

白米約400克、豬大骨高湯（或冷水）500c.c.、花椰菜約600克（約1顆）、豬肉絲約250克、乾香菇5～6朵、干貝1小把、紅蔥頭3～4顆

豬肉絲醃料

醬油1/2大匙＋米酒1/2大匙混合

調味料

麻油1大匙、醬油膏或醬油1.5大匙、鹽1/4茶匙、白胡椒粉適量

🍴不藏私 步驟

1. 乾香菇泡冷水，軟化切條，干貝洗淨泡沸水至軟化，撕成小塊。豬肉絲用醃料醃20分鐘入味。花椰菜洗淨切成小朵，紅蔥頭切末。（圖01、02、03）

2. 鍋中倒入4～5大匙油，放入紅蔥頭炒香。依序加入豬肉絲、香菇、干貝絲拌炒。加入花椰菜翻炒2～3分鐘。（圖04、05、06、07）

3. 將米、豬大骨高湯（製作方式請見P.185）及所有調味料加入混合均勻並煮至沸騰。（圖08、09）

4. 蓋上鍋蓋用微火燉煮約15分鐘後關火。關火後蓋子不要開，再燜15分鐘即可。（圖10、11）

Carol 烹飪教室

1. 配料炒過會比較香，味道會較好，如果器具不足或嫌麻煩，可以將全部材料倒入電鍋內鍋中，外鍋1杯水蒸煮1次再燜30分鐘即可。

2. 干貝可以用蝦米代替、花椰菜也可以使用高麗菜代替。養生一點的還可以使用糙米，不過糙米至少泡水兩個小時以上。

Feedback 格友回應

· 今這真是一道美味營養又方便的料理，我今天試做了老公很喜歡呢！　（polly）

· 謝謝Carol 教得好，我有做一鍋，很好吃！花椰菜是清甜的。　（piggy）

買了兩顆南瓜，可以做好多美味的南瓜料理，金黃色的南瓜除了營養外，還有著漂亮的顏色，加一些就能讓平淡的料理更加賞心悅目。一整顆的南瓜下鍋後好像都不見了，然而濃稠的南瓜泥包裹著米粉的口感非常好。

金瓜海鮮米粉

約
6人份

材 料
南瓜約600克、米粉約300克、乾香菇5～6朵、紅蔥頭3瓣、蝦米一小把、高湯800c.c.、青蔥少許、豬肉絲、蝦仁、魷魚各適量、豬大骨高湯少許

醃肉醬
米酒1/2大匙、醬油1/2大匙、太白粉少許

調味料
醬油2大匙、米酒2大匙、麻油1大匙、鹽1/2茶匙、白胡椒粉適量

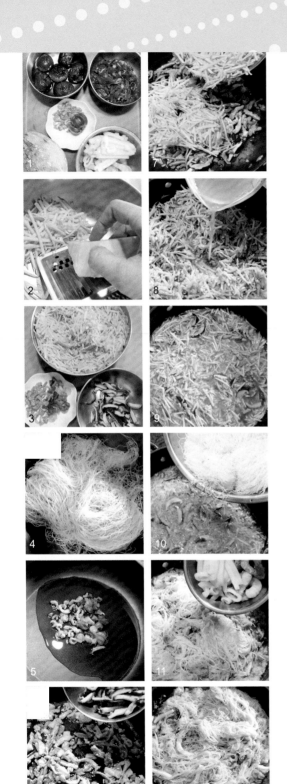

不藏私步驟

1. 乾香菇泡冷水，軟化後切成條狀；紅蔥頭、青蔥切末，肉絲拌上醃肉料醃20分鐘備用。南瓜去皮刨成粗絲、魷魚切條、蝦仁去沙腺，淋上一些米酒備用。（圖01、02、03）

2. 米粉泡水浸軟後撈起。不要浸太久，以免米粉吸太多水份而無法吸收南瓜的香甜。（圖04）

3. 鍋中放入3大匙油，紅蔥頭及蝦米放入炒香。依序將醃好的豬肉絲及香菇加入炒熟。南瓜絲加入續翻炒1～2分鐘。（圖05、06、07）

4. 加入豬大骨高湯（做法請見P.185）及調味料，蓋上鍋蓋燜煮到南瓜軟。（圖08、09）

5. 加入米粉及海鮮翻炒至湯汁收乾。最後撒上一些蔥花即可。（圖10、11、12）

Carol 烹飪教室

1. 米粉直接泡冷水就可以，約泡5～6分鐘軟化就撈起瀝乾水份備用。

2. 南瓜可以切小丁來用，只是我自己沒有這樣煮過。不過刨絲要小心，因為南瓜很硬，小心刨到手！

Feedback 格友回應

· 今天也做了金瓜米粉當晚餐喔！好吃極了，謝謝你的食譜！ （Corina）

· 金瓜海鮮炒米粉是我喜歡吃的料理之一，更是80幾歲的婆婆拿手菜，每每娘家宴客，也一定會有這道宴客菜。好吃、大方又有滿滿的誠意。 （公主）

95

每年天氣開始轉涼，媽媽就拿出大甕來醃酸白菜了，小的時候我挺不喜歡那股酸味，總覺得那味道很嗆鼻，但是現在的我卻愛極了那個嗆味，每年也要醃一些來解饞。

為了吃這個火鍋，我做了蔥油餅和白菜冬粉丸子一起搭配。白菜冬粉丸子可以用白菜外面較綠的葉子來做，一次多做一些可以冷凍。剛炸好的時候直接吃，也可以放火鍋中一起享用。

96

酸菜白肉鍋

約
5-6人份

醃白菜
大白菜1顆約1.5公斤、粗鹽(或一般細鹽)約30克、花椒粒少許(可以不加)、米酒30c.c.、煮沸放涼的冷開水一鍋

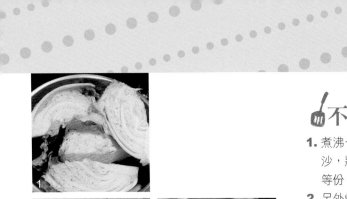

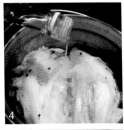

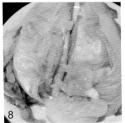

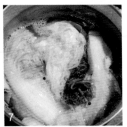

不藏私 步驟

1. 煮沸一鍋開水放涼備用。大白菜稍微洗去泥沙，將外層綠色葉子剝除，自頭對切或切成4等份。(圖01)

2. 另外燒一鍋開水，水滾將白菜放入汆燙，每面約10秒左右，瀝乾水份放涼備用。(圖02)

3. 準備一有蓋的鍋或玻璃瓶（用熱水消毒後擦乾，不可以有油脂）。放入已瀝乾涼透的白菜，撒一大匙粗鹽，疊上另一層白菜後，再撒上一大匙粗鹽。喜歡花椒的人也可以加點花椒粒。(圖03、04、05)

4. 冷開水倒入（蓋過白菜），上方以乾淨石頭或重物壓住，蓋上蓋子放置陰涼處。(圖06)

5. 每隔2～3天打開蓋子觀察一下，約2～3個星期左右就會有酸味，等到醃至適合自己口味的酸度，就可取出瀝乾水份放入冰箱冷藏（氣溫越冷時間就要久一些才會變酸，喜歡酸些就再醃久一些）。(圖07、08)

6. 酸白菜吃之前以清水沖洗乾淨，切小段放入火鍋高湯中即可，加入自己喜歡的火鍋料，就是美味的酸菜白肉鍋了。(圖9、10)

Carol 烹飪教室

1. 酸白菜最上層的白菜發霉，如果是白色的菌是醋酸菌，用乾淨的湯匙把醋酸菌撈掉就好，有這個菌才會幫忙發酵變酸；出現綠色菌的話，先將它撈掉，再觀察1～2天，聞一聞只要沒異味就沒問題，要不然就是真的壞掉了！

2. 做酸白菜最好放在室溫發酵，若放在冰箱，有可能會導致製作過程中太無菌了，沒有機會讓酸菌產生，發酵不易。

Feeback 格友回應

· 昨天我把放在冰箱密實袋的酸白菜拿出來炒豆腐和蠶豆。哇！酸白菜變得好酸好好吃。

(Little Lamb)

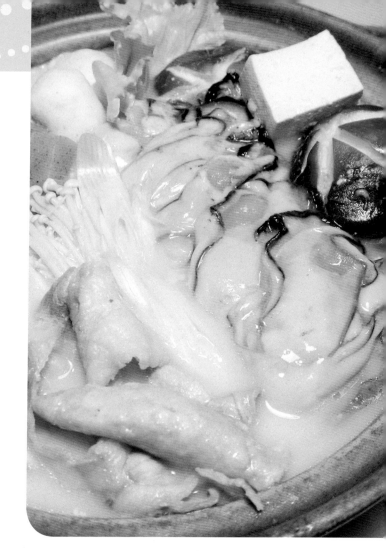

這幾天的氣溫終於有一點進入冬天的感覺，涼涼的溫度讓人清爽多了。天氣多了些涼意，心底馬上就出現一個聲音呼喚著我：來吃咕嚕咕嚕的火鍋吧！火鍋是冬天最方便的料理，將自己喜歡的材料加入燙熟，可以完全吃到食物的原味，最後剩下的湯底再丟一把粉絲或烏龍麵更是好吃到最高點。

今天用現磨的豆漿加上海帶白蘿蔔熬煮的高湯混合成火鍋湯底，再搭配牡蠣一塊煮了一個湯頭鮮美又健康的火鍋。加上新鮮的蔬菜及肉片，奶白色的湯頭光用看的就很濃郁誘人。

兒時吃火鍋時，往往是一家人團聚的日子，奶奶在鍋中放入各式各樣山珍海味。餐桌上冒著熱騰騰霧氣，滿足每一張挑剔的嘴，熱熱的火鍋總是凝聚著一家人的心，溫暖冷冷的空氣。

98

牡蠣豆漿火鍋

約 4~5人份

材料
豆漿1200c.c.(黃豆約120克、冷開水約1200c.c.)、海帶高湯1500c.c.(乾燥海帶40克、白蘿蔔1/2條約500克、水1500c.c.)、火鍋料(適個人需求準備：生蠔、火鍋豬肉片、甜不辣、花枝丸、板豆腐、蒟蒻、鮮香菇、金針菇、生菜、蔥白)

芝麻沾醬
芝麻醬3大匙、醬油30c.c.、白醋15c.c.、細砂糖約15克

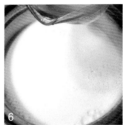

不藏私步驟

1. 黃豆泡水靜置12小時。泡好的黃豆加入冷開水，以磨豆機磨成生豆漿。（圖01、02）

2. 生豆漿以過濾布過濾細豆渣，再以小火煮開，再續煮7～8分鐘即可。煮時要稍微攪拌避免黏底。（圖03、04）

3. 芝麻沾醬所有材料混合均勻。乾海帶洗淨，加入白蘿蔔、水，以小火熬煮20分鐘成海帶高湯備用。（圖05）

4. 砂鍋中加入2/3煮好的豆漿、1/3的海帶高湯混合，加入豆腐、香菇、蒟蒻等耐煮食材，煮滾後再加入其它食材。食材可沾芝麻醬享用。（圖06、07、08、09、10）

Carol 烹飪教室

1. 豆漿火鍋可以搭配任何肉類，不一定要加海鮮，但我覺得加牛肉最棒！如果海鮮新鮮的話，不會有腥味，沾芝麻醬會更順口。

2. 煮豆漿火鍋多少會有一些黏底，煮的時候火不要太大，而且有加一些海帶高湯，所以我覺得黏底多少有一些，但不會嚴重，也不至於焦底。

3. 也可以買市售的豆漿，但記得要不加糖的清漿。

Feeback 格友回應

· 牡蠣豆漿火鍋健康又營養，冷冷的天氣來一鍋真溫暖。　　　　　（mei hua）

· 好特別喔！豆漿居然可以煮成湯頭，下次試試這一道菜。（妞妞）

Part 2
網友點閱率最高麵點

Carol的許多中式麵點來自於她對媽媽、外婆的記憶!

從小在麵粉堆中長大的Carol,當滿手沾著麵粉的時候,

眼前就浮現外婆和媽媽在廚房忙碌的身影。

有許多料理,是因為傳承、是因為家傳!

Carol想把媽媽、外婆對她的愛,繼續傳下去。

蓮蓉蛋黃酥
Yahoo！奇摩部落格格精選！
35個格友照著Carol的配方，
成功做出好吃的蛋黃酥！

香蔥捲餅
34個格友跟著配方做，
不用排隊，也可以吃到
美味的宜蘭蔥餅！

花生糖三角
有著Carol童年
記憶的小點心！

奶黃包
破百個回應！
格友耳口相傳
的好配方！

蘿蔔絲酥餅
蘿蔔絲的清甜、
烤香的芝麻粒！
啊！實在太好吃了！

芋頭酥
跟著Carol的配方及做法，
近40個格友成功不失敗！

松子鳳凰酥
我要引用格友海倫的話：
自己做的鳳梨酥，
真是太好吃了！

格友咖啡老媽說現在是白蘿蔔盛產的時候，想自己做一些蘿蔔絲煎餅。我剛好還有一顆白蘿蔔，迫不及待就動手了。對這樣的中式麵食我最沒有抵抗力，麵皮煎的香香，內餡滿滿清甜的蘿蔔絲，一口咬下，嘴角會上揚。

蘿蔔絲煎餅

 約做 **8**個

材 料

燙麵麵糰515克
中筋麵粉300克、橄欖油25克、80〜100℃沸水150c.c.、冷水40〜50c.c.、鹽1/8茶匙

蘿蔔絲內餡
白蘿蔔1條（600克）、青蔥2支、蝦皮3大匙、調味料（麻油2大匙、鹽1/4茶匙、白胡椒粉1/8茶匙）

1

2

3

4

5

6

7

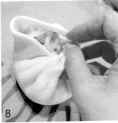

8

9

10

11

12

13

不藏私 步驟

1. 製作蘿蔔絲內餡,製作方式請見P.182。(圖01)

2. 燙麵麵糰材料依本配方備好,製作方法請見P.112。(圖02)

3. 桌上撒上一些中筋麵粉,將醒置完成的燙麵麵糰放上,將麵糰均分成8個小麵糰(每塊60克),滾成圓形。(圖03、04)

4. 小麵糰壓扁,以擀麵棍慢慢將麵糰擀成直徑約20公分薄片,麵皮中央放上適量的蘿蔔絲內餡。(圖05、06、07)

5. 一邊折一邊轉,最後將收口捏緊。包好的餡餅稍微壓扁。(圖08、09、10、11)

6. 平底鍋中倒入適量的油,油熱後整齊放入餡餅,以中小火煎到兩面呈現金黃色即可。(圖12、13)

103

Carol 烹飪教室

1. 燙麵麵糰可以先做好,冷藏1~2天使用沒問題。這餅可以一次多做,然後放冷凍庫,要吃時,再拿出來煎。不過蘿蔔絲冷凍後口感沒有新鮮的好,會變的不脆而軟軟的。吃之前不用退冰,煎的時候要加一點水,用半煎半蒸的方式煎熟。

2. 如果不喜歡蝦皮、蝦米類,可以添加一點香菇、紅蔥頭,應該也不錯的。

Feeback 格友回應

· 這幾天做了蘿蔔絲餅耶!我家人好愛吃喔!照著你的配方完成的作品也感覺好有成就感喔! (Carey)

· 真是令人食指大動的蘿蔔絲餅!也感謝Carol老師這麼詳細的示範。 (KEI)

格友小隻妹妹想要學做的中式麵食：韭菜盒子。

一年中總有那麼幾天會想吃韭菜盒子，不為什麼，因為肚子裡的饞蟲就是想念那滿滿的綠色韭菜香。

年齡漸長，越是想念老東西。腦袋不自覺的就浮現出媽媽做過的各種家常菜，努力想著奶奶和外婆的家鄉味，貪心的想全部都記錄下來。韭菜盒子雖然是隨處可見的簡單麵點，可是還是自己做的才有家的味道。

韭菜盒子

約做10個

材 料

燙麵麵糰515克
中筋麵粉250克、全麥麵粉50克、橄欖油25c.c.、80～100℃牛奶150c.c.、冷水40～50c.c.、鹽1/8茶匙

韭菜盒內餡
韭菜200克、冬粉一把、蝦皮3大匙、五香豆干8片、雞蛋3顆、調味料（麻油2大匙、鹽1/2茶匙、醬油1/2大匙、白胡椒粉少許）

不藏私 步驟

1. 準備好韭菜盒內餡，製作方式請見P.182。(圖 01)

2. 燙麵麵糰請依本配方備好，製作方式請見 P.112。(圖02)

3. 桌上撒上一些中筋麵粉，將醒置完成的燙麵麵 糰放上，將做好的麵糰搓成長條，均分切為10 個小麵糰（每塊50克）。(圖03、04、05)

4. 以手掌根部將小麵糰壓扁，以擀麵棍慢慢將麵 糰擀成橢圓麵片（桌上稍微撒些中筋麵粉， 不要讓麵皮因為沾黏桌面或擀麵棍而破皮）。 (圖06、07)

5. 麵皮一半地方放入適量餡料（包製時，尚未用 到的麵糰請以保鮮膜覆蓋，避免乾燥），麵 皮周圍沾一點水，對摺將邊緣捏緊。(圖08、 09、10)

6. 平底鍋燒熱，加入1～2大匙的油，排入包好的 韭菜盒子，以小火將兩面煎到呈金黃色即可。 (圖11、12)

Carol 烹飪教室

1. 韭菜盒子若一下吃不完的 話，可以做好直接冰冷凍，要 吃的時候再直接煎，但是韭菜冷凍後再 加熱顏色可能會比較不翠綠。

2. 配方中使用全麥麵粉是可以增加纖維 質，牛奶增加香味，加這些都是個人喜 好或是增加變化。也可以只用中筋麵粉 或清水，並沒有絕對的。

3. 我的做法是用少少油去煎，比較花時間， 外面賣的幾乎都使用比較多的油來操作， 這其實也可以完全不加油用乾烙的。

Feeback 格友回應

・Carol說得對，年齡漸長越是想念老東 西。韭菜盒子好美味，在海外的我買不 到越是想念，只能自己動手了，謝謝分 享！ (非常喵)

大芋頭加上青蔥的滋味真是美妙，包入麵皮中煎到金黃好吃極了，每一口都吃的到綿密的芋泥及青蔥。簡單的中式家常餅變化無窮，每隔一陣子就是想吃餅！

芋頭蔥煎餅

約煎
4片

材 料

燙麵麵糰430克
中筋麵粉250克、橄欖油20c.c.、熱水120c.c.、冷水40c.c.、鹽1/8茶匙

芋頭內餡
大芋頭300克、青蔥3～4支、調味料（麻油2大匙、鹽1/4茶匙、白胡椒粉1/8茶匙

不藏私步驟

1. 芋頭削皮取300克，切塊蒸熟至軟，以叉子壓成泥狀，加入調味料混合均勻備用。青蔥洗淨瀝乾，切成蔥花備用。（圖01）

2. 燙麵麵糰材料請依本配方備好，製作方式請見P.112。（圖02）

3. 桌上撒上一些中筋麵粉，將醒置完成的燙麵麵糰放上，將麵糰均切成4個小麵糰（每塊105克）滾成圓形。（圖03、04、05）

4. 以手掌根部將小麵糰壓扁，以擀麵棍慢慢將麵糰擀成直徑約20公分薄片（還沒有用到的麵糰請用保鮮膜覆蓋避免乾燥）。（圖06）

5. 芋頭內餡均分成4份，麵皮中央放上芋頭內餡及適量的青蔥花，一邊折一邊轉，最後將收口捏緊。（圖07、08、09）

6. 將包好的餡餅壓扁，以擀麵棍慢慢將麵糰擀成薄片。（圖010、11、12）

7. 平底鍋中加入兩大匙油，油熱後放入芋頭蔥餅，以中小火將餅煎到兩面呈現金黃色即可。（圖13、14）

Carol 烹飪教室

1. 這道煎餅配方中的「麻油」是指顏色較深的黑色麻油，我習慣用黑麻油，也就是煮麻油雞的麻油。其實可以看自己的喜好，不會影響的。

2. 麵糰加橄欖油跟不加橄欖油，吃起來不會有什麼太大差別，有加油脂會比較潤一點，揉的時候比較好操作，加或不加都依照自己的喜好。燙麵麵皮適合蒸餃、煎餃、餡餅；煮的水餃要用冷水麵糰才適合。

3. 芋頭中含有草酸鹼，這個物質怕熱不怕冰，所以馬上使用熱水洗手就可以改善發癢情況。

Feeback 格友回應

· Carol 我一定要大聲告訴你，這個好好吃哦！雖然我走神忘了給它乾烙，還是不得了的好吃。謝謝你！ （piggy）

これ一個夏天太陽威力驚人，炙熱的陽光曬著都疼。一出了家門就好像進入到一個大烤箱，還沒動就開始流汗。Leo放假，我也多了一個幫手。我們打算利用這個暑假把家裡好好整理一番，清掉一些舊衣物舊書籍，家裡空間才能增加。Jay也答應我要幫我釘一些櫃子放書，趁著假期可以讓家裡改頭換面。我們3個人組成了這個家，不管甚麼狀況都要同心協力一起渡過。

格友LAWO建議我做的牛肉餡餅，加上大量白菜更顯爽口，配上地瓜稀飯好有味道。

餡餅對我來說類似大個的煎餃，Leo最喜歡這樣的麵食，一個人就可以包辦大部份。

參考格友小燕子的建議，希望多給他補充一些牛肉，讓他能夠長的更高更壯。

白菜牛肉餡餅

約做 18個

材料

燙麵麵糰490克
中筋麵粉約300克、熱水100c.c.、冷水90cc、鹽1/8茶匙

餡餅內餡
牛絞肉400克、大白菜400克、青蔥5～6支、嫩薑片2～3片、調味料（醬油1大匙、麻油2大匙、鹽1茶匙、白胡椒粉適量）、高湯50c.c.

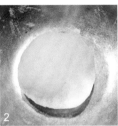

不藏私步驟

1. 製作白菜牛肉餡餅內餡,製作方法請見P.184。(圖01)

2. 燙麵麵糰材料依本配方備好,製作方法請見P.112。(圖02)

3. 桌上撒上一些中筋麵粉,將醒置完成的燙麵麵糰放上,將麵糰搓成約3公分寬的長條,均切成18個小麵糰,每切一刀就將切下的小麵糰的切面轉成正面,這樣比較容易擀得圓。(圖03、04)

4. 以手掌根部將小麵糰壓扁,以擀麵棍慢慢將麵糰擀成薄片,麵皮邊緣處擀薄一些。(圖05)

5. 包上適量內餡,一邊折一邊轉,最後將收口捏緊,以手將包好的餡餅壓扁。(圖06、07、08、09、10)

6. 平底鍋中加入兩大匙油,油熱後整齊放入餡餅,以中小火煎到兩面呈現金黃色即可。(圖11、12、13)

109

Carol 烹飪教室

1. 當天沒煎的餡餅可以包好馬上裝塑膠袋,密封分裝放冰箱冷凍。冰箱取出不要退冰直接煎,煎的時候加一點水,這樣就沒有問題。

2. 格友們做常發生的問題是容易漏湯汁,旁邊也都容易破了,問題點多出在:包餡的口沒有捏緊,同時麵糰水份也不能太少,太乾的麵糰也容易散開,另外擀皮的時候粉不要撒太多,把這幾個問題調整後再試試看,應該會成功的!

3. 可以把牛肉換成豬肉,但是調味料請多加一大匙米酒。

Feeback 格友回應

· 白菜牛肉餡餅的皺折包得好漂亮喔!煎起來的成品更是誘人,看了叫人忍不住想大咬一呢! (小不點)

鮮蝦煎餃

跟媽媽一塊包餃子是我從小最開心的記憶，如果放學回家一看見媽媽準備水餃餡就很興奮，因為隔天的便當就可以帶我最喜歡的餃子，那就捨不得跟同學交換便當菜了。

放下書包就趕緊擠在廚房，窩在媽媽身邊看她細細剁餡、擀皮、包餡，她總說慢工細活才有好滋味。這些小技巧都跟著美味烙印在心中，媽媽是我的料理啟蒙老師，挑剔的味覺也是從這裡開始。我喜歡坐在餐桌旁幫忙數著包了幾個，深怕包少了，隔天沒有多餘的讓我帶便當。再一邊跟媽媽聊著學校的大小事，看著媽媽雙手飛快的包出一顆顆飽滿的元寶，這是陪伴我長大的味道，也是心底溫暖的記憶。

我們家的餃子餡一定是大白菜，剁的細細出過水再與肉餡仔細混合，是我最愛的味道。不管在外面吃了多好吃的餃子，還是最想念家裡的白菜餃子，清淡的白菜不會搶了其他餡料的風采，一點點蝦米提香，吃進口中滋味真是說不出的好。一想到我就忍不住動手準備材料了，一弄起吃的，我精神全來了。

自己吃就要更豐盛，鮮甜的草蝦仁包進來，紅紅的尾巴露著，底部煎的香香脆脆，再開罐啤酒，今天的晚餐讓我心滿意足。

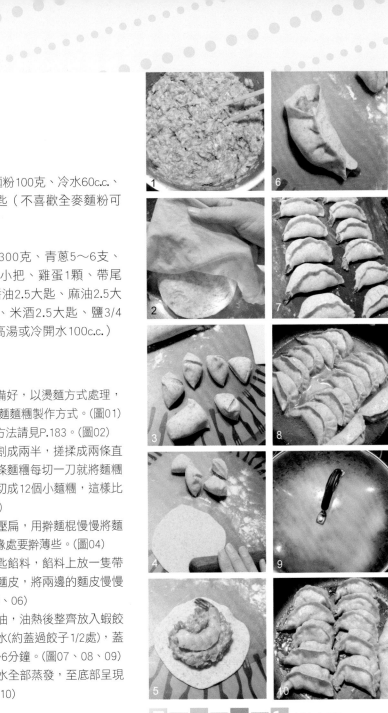

約做 **24個**

材 料

燙麵麵皮230克
中筋麵粉300克、全麥麵粉100克、冷水60c.c.、熱水180c.c.、鹽1/4茶匙（不喜歡全麥麵粉可以全部用中筋麵粉）

煎餃內餡1,000克
豬絞肉500克、大白菜300克、青蔥5～6支、嫩薑片2～3片、蝦米1小把、雞蛋1顆、帶尾蝦仁24隻、調味料（醬油2.5大匙、麻油2.5大匙、白胡椒粉1/4茶匙、米酒2.5大匙、鹽3/4茶匙、太白粉2大匙、高湯或冷開水100c.c.）

不藏私步驟

1. 餃子皮材料依本配方備好，以燙麵方式處理，製作方法請見P.112燙麵麵糰製作方式。（圖01）
2. 製作煎餃內餡，製作方法請見P.183。（圖02）
3. 鬆弛好的燙麵麵糰分割成兩半，搓揉成兩條直徑約兩公分長條。長條麵糰每切一刀就將麵糰轉90度再切，每條均切成12個小麵糰，這樣比較容易擀得圓。（圖03）
4. 用手掌根部將小麵糰壓扁，用擀麵棍慢慢將麵糰擀成薄片。麵皮邊緣處要擀薄些。（圖04）
5. 在麵皮中間加入一大匙餡料，餡料上放一隻帶尾蝦仁，蝦尾處露出麵皮，將兩邊的麵皮慢慢捏出皺折捏緊。（圖05、06）
6. 平底鍋中加入兩大匙油，油熱後整齊放入蝦餃以小火微煎，倒入清水（約蓋過餃子1/2處），蓋上鍋蓋以中火煎煮5～6分鐘。（圖07、08、09）
7. 時間到轉以小火煎至水全部蒸發，至底部呈現金黃色酥脆即可。（圖10）

Carol 烹飪教室 高湯或冷水一次一點加進餡料中，每次都以同方向攪拌，就會發現水都被餡料吸收進去，這就是打水，這樣做出來的餃子餡，吃的時候就會有湯汁。

Feeback 格友回應

· 看到這熟悉的美味感到好溫馨，記得小時候爸爸常常做這煎餃給我們吃哩！感謝你的分享，步驟寫的很清楚，我一定要做做看喔！　　　　　（Sabinna）

Carol 麵點技巧大公開

燙麵麵糰做法

燙麵麵糰是先用沸水將麵粉中的筋性燙熟，這樣做出來的麵糰就非常柔軟，且具有延展性，適合油煎、乾烙及蒸餃類的成品。

材料

中筋麵粉300克、80～100℃沸水150c.c.、冷水40～60 c.c.、鹽1/8茶匙

步驟

1. 所有乾性材料放入盆中，將熱水全部倒入。(圖01)

2. 以筷子或木匙將麵粉攪拌成為塊狀，因加入熱水會燙，必須先以木匙攪拌，以免燙手。(圖02、03)

3. 將冷水倒入，以手慢慢攪拌混合成為無粉粒狀態的麵糰（因為麵粉牌子不同，蛋白質含量也不同，就會影響吸水率，因此冷水可以保留10～20 c.c.視實際狀況添加，若覺得太黏手，亦可以酌量加一些中筋麵粉再搓揉）。(圖04、05、06)

4. 繼續搓揉7～8分鐘，完成不黏手、不黏盆的光滑麵糰。(圖07)

5. 蓋上保鮮膜或擰乾的濕布鬆弛40分鐘，即可整型。(圖08)

本書介紹的麵點中，使用燙麵麵糰之作品

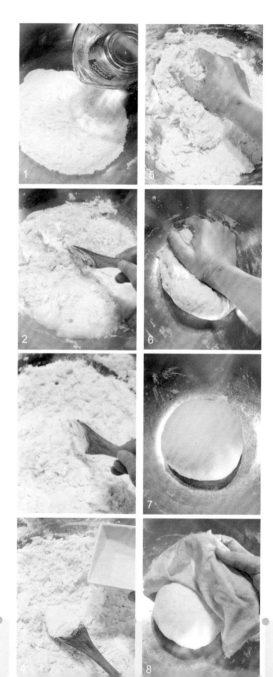

有魔力的麵粉
讓我的生活更多彩多姿

麵粉，讓Carol的生活更豐富多彩！

糖燒餅

花生糖三角

從小在麵粉堆中長大的我，對這些餅、麵再熟悉不過。麵食在我的生命中佔據了一塊很重要的空間，滿手沾著麵粉的時候，眼前就浮現外婆和媽媽在廚房忙碌的身影……

如果少了麵粉，我的生活一定失去很多動力。每天都在廚房中，將神奇的麵粉變成蓬鬆的麵包、香甜的蛋糕、熱騰騰的包子饅頭。麵粉擁有不可思議的魔力，讓料理更多彩多姿……

我喜歡偎在媽媽身邊，看她沾了滿身的麵粉，在廚房變魔術似的為了我們做這些好吃的麵點。媽媽的心是守護一家人最重要的支柱，雖然童年早已過去，但是我的心裡還是留有媽媽在廚房溫柔的模樣，對著我喊著：來吃點心了！

我是在外婆和媽媽的麵粉堆中長大的，麵食是家裡的點心也是主食，白白的粉和上水就有無窮無盡的變化。只要看到媽媽拿出擀麵棍就知道又有好吃的晚餐，現在的媽媽年紀大了，對於這些需要擀、需要揉製的東西越來越沒力氣做。我拚了命的將這些味道保留在心裡，為自己的過往留下一些記錄……

小的時候最喜歡吃外婆做的素包子，剁的細細的豆角與香菇，再拌上炒成金黃的豆皮，一抹麻油提香，蒸出來比肉包子還好吃。記憶中的外婆總是在廚房中忙，圍裙上都是白色的麵粉。看到我回去就會大聲的喊我的小名，叫我到廚房吃好吃的。看我吃的香，她就瞇著眼笑的好高興……

113

天還濛濛亮，聽到鬧鐘響我就趕緊起床了，每天幫Leo準備早餐是很重要的一件事。早上的胃口通常比較不好，怎麼樣讓他有食欲就是我的挑戰。Leo最喜歡中式的早餐，蛋餅又是他最愛的、熱熱煎一盤，三兩下就解決了。

他的書包很沉重，一早6:00就必須趕公車出門。讓他吃的飽飽有精神出門我才放心。

軟Q的蛋餅皮配上蔥花蛋，這樣的早餐連我都心動，麵糊中若再添加少許蔬菜，更是好看又營養。

軟式全麥蛋餅

材料

約做
4~5片

蛋餅麵皮糊465克
全麥麵粉60克、中筋麵粉60克、太白粉20克、雞蛋1顆、牛奶275c.c.、鹽1/8茶匙、紅蘿蔔細絲少許、白芝麻1/2大匙

蛋餅夾餡（1人份）
雞蛋1顆、青蔥1支、鹽適量

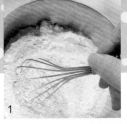

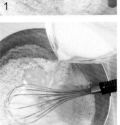

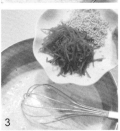

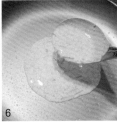

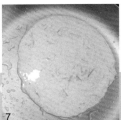

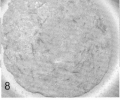

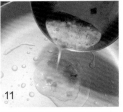

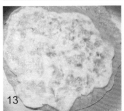

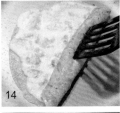

🍳 不藏私 步驟

1. 全麥麵粉、中筋麵粉、太白粉加入大碗中，以打蛋器混合均勻。(圖01)

2. 加入雞蛋、鹽及牛奶，以打蛋器混合成為無粉粒狀態的麵糊。(圖02)

3. 紅蘿蔔細絲、白芝麻加入混合均勻，覆蓋上保鮮膜醒置30分鐘。(圖03、04、05)

4. 平底鍋熱少許油，將醒置好的麵糊適量舀入鍋中，輕輕轉動平底鍋讓麵糊自然攤平成為大圓片。一面煎熟再翻面煎到熟，依序將全部麵糊煎完即可。(圖06、07、08、09)

5. 蛋餅夾餡全部材料加入大碗中，打成蛋液備用。平底鍋加熱，倒入少許油，將蛋液倒入攤平。(圖10、11)

6. 蔥花蛋煎到半熟，即可將煎好的麵餅蓋上。(圖12)

7. 雞蛋煎熟後翻面，將兩面煎到呈金黃色即可。利用鍋鏟將蛋餅捲成條狀，切段後淋上少許醬油膏即可。(圖13、14、15)

115

Carol 烹飪教室

1. 加太白粉口感會比較Q，沒有的話或不喜歡就直接用麵粉取代；餅皮如果不想加蛋，就直接將蛋的份量（約50克）以清水或牛奶代替。

2. 麵糊攪拌完要靜置30分鐘，醒一下會比較鬆弛，組織也會比較均勻，麵粉吸收水份也比較平均。所以基本上麵食類的東西都需要鬆弛的動作，不鬆弛直接下鍋當然也是可以，但是做出來的餅就比較硬。

3. 全麥麵粉可以中筋麵粉取代、牛奶可以用開水取代、紅蘿蔔絲、白芝麻都可以省略。

Feeback 格友回應

·一大早運用你的蛋餅食譜做了薄荷蛋餅，真得很棒呢！謝謝Carol的食譜喔！

(幸福棉花糖)

格友凱特熙想做的黑糖糕，讓我想起以前跟公司同事喜歡團購的日子。舉凡雞腳凍、滷鴉翅、金牛角，煙燻滷味等，真是無所不「購」。但是也替枯燥的上班生活帶來很多樂趣。

黑糖糕其實是很簡單的一個點心，自己試了很多不同粉類的比例。參考Jay跟Leo吃過的心得，做出家人喜歡的口感。粉類一定要好好混合確實過篩，醒置的時間也不能省略。吃不完冰在冰箱保存也不影響口感，依然鬆軟有彈性，當早餐也很適合。

黑糖糕

8/9吋圓模或20公分X20公分X5公分方型烤盒1個

材料

黑糖蜜235克
黑糖130克、蜂蜜40克、冷開水65c.c.

主麵糊500克
黑糖蜜全部、中筋麵粉130克、在來米粉35克、糯米粉35克、泡打粉7克、小蘇打粉3克、雞蛋3顆、牛奶100c.c.、沙拉油40c.c.

熟白芝麻少許

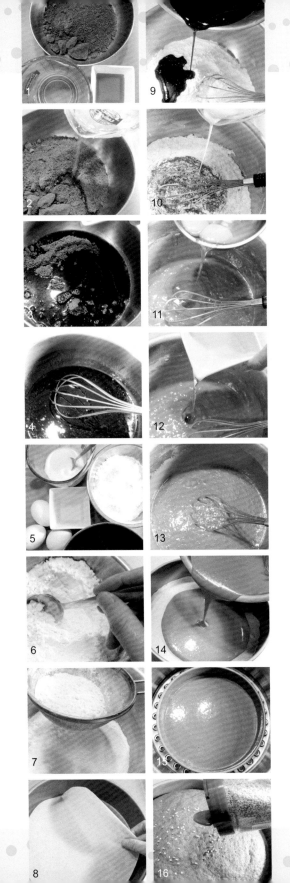

🍳不藏私 步驟

1. 黑糖放入不鏽鋼鍋中，依序倒入冷開水及蜂蜜，以小火熬煮到黑糖完全融化即是黑糖蜜，放涼備用。（圖01、02、03、04）

2. 將中筋麵粉、在來米粉、糯米粉、泡打粉、小蘇打粉放入大盆中，以湯匙混合均勻後以濾網仔細過篩兩次，烤模底部鋪上一張防沾烤焙紙備用。（圖05、06、07、08）

3. 放涼的黑糖蜜及牛奶倒入過篩的粉類中，以打蛋器混合均勻成為無粉粒狀態的麵糊。（圖09、10）

4. 依序加入雞蛋及沙拉油於麵糊中混合均勻。攪拌完成的麵糊覆蓋上保鮮膜室溫鬆弛20分鐘。（圖11、12）

5. 鬆弛時間到前5分鐘將蒸鍋加滿水燒滾，鬆弛完成的麵糊再以打蛋器攪拌均勻，倒入烤模中。（圖13、14）

6. 裝有麵糊的烤模放入已經燒開水的蒸鍋中大火蒸30分鐘，蒸好取出在黑糖糕表面撒上白芝麻，連烤模放在鐵架上散熱放涼即可。（圖15、16）

Carol 烹飪教室

1. 黑糖糕完全放涼後用抹刀沿著烤盒邊緣括一圈，倒扣出來即可脫模。

2. 如果希望再更Q一些，可以把再來米粉的部份用糯米粉代替，但是要注意，糯米粉越多，冰過越容易乾硬，所以不要一下子加太多。我建議這樣的份量：再來米粉約25克、糯米粉約45克。如果希望顏色再深一點，黑糖的量可以提高，蜂蜜全部用黑糖取代。

3. 雞蛋的多寡與蛋糕的香氣與口感有關，雞蛋多就比較香，蛋糕組織也較有彈性蓬鬆。如果不想加這麼多雞蛋，可以用牛奶代替，一個蛋約50克。

Feeback 格友回應

· 我用了你的配方做了黑糖糕，全家的人都說好好吃。真的很謝謝你提供這麼棒的配方分享給大家。　　　（Celine）

看到黑糖饅頭就有一股親切感，因為小的時候家附近都會有一個老伯伯騎著腳踏車來賣饅頭花卷。腳踏車後面載著一個大木箱，用綿布層層包裹著保溫，翻開綿布，饅頭一顆顆光滑飽滿，白白胖胖充滿麵香。我最喜歡吃老伯伯做的黑糖饅頭，一圈一圈的造型漂亮，口感扎實又好吃。只要一聽到他搖鈴的聲音，我就急著跟媽媽要零錢往門外衝。

味道都是跟著記憶在跑，小時候吃過的東西一輩子都不會忘記，而且覺得特別好吃。有了這些記憶，餐桌才有了故事。

地瓜黑糖雙色饅頭

約做 **8**個

材料

地瓜麵糰375克
地瓜泥100克、中筋麵粉200克、速發乾酵母1/2茶匙、冷水45c.c.、細砂糖30克、鹽1克

黑糖全麥麵糰445克
中筋麵粉200克、全麥麵粉50克、黑糖50克＋溫水100c.c.、速發乾酵母1/2茶匙、冷水45c.c.、鹽1克

中筋麵粉80克（發酵完成搓揉添加）

🍴不藏私 步驟

1. 地瓜麵糰及黑糖全麥麵糰材料比例請依本配方做好，蓋上濕布發酵2～3個小時至兩倍大備用（製作方法請見P.149速乾酵母的麵糰製作方式）。(圖01)

2. 發好的麵糰移至桌上，分別慢慢加入40克中筋麵粉（地瓜麵糰、黑糖全麥麵糰各40克），搓揉成為光滑無氣泡的麵糰（40克中筋麵粉是另外添加，此步驟可讓饅頭比較扎實，若想要較鬆軟的口感，可改加15克中筋麵粉即可）。(圖02、03、04)

3. 兩個麵糰分別用擀麵棍擀成同寬的長方形（約厚0.3～0.4公分）。(圖05)

4. 兩個麵糰互疊，稍微拉整齊，再以擀麵棍擀平整。(圖06、07)

5. 麵糰由長向緊密捲起成為一長條，收口朝下。捲好的麵糰切下頭尾兩端不整齊部份，其餘每7～8公分切成一段。(圖08、09、10)

6. 底部墊不沾烤焙紙，整齊放入蒸籠內。饅頭蒸製過程請見P.153。(圖11、12)

Carol 烹飪教室

1. 有格友做出來的饅頭裡的氣泡太多，有可能是酵母量太多，或是第一次發酵完沒有加乾粉搓揉到光滑。另外蒸出來太塌就是麵糰太濕，第一次發酵完成後，要加多一點乾粉搓揉，在擀壓時也必須擀平整，捲時要捲得密實。手工做的饅頭一定沒有機器做的平整，兩端會稍微有些突出是正常的。

2. 麵粉只要經過搓揉筋性就會越強，發酵過程保持溫暖的話，麵糰就容易發的好。若做的過程中，有需要較久的出門時間，可以將麵糰密封放進冰箱延緩發酵，回家再取出回溫就可以。

Feeback 格友回應

· 感謝Carol的食譜，第一次做饅頭就成功耶，真高興！出爐沒多久就搶光了！(凱西)

少了Leo在家吃飯，我和Jay2個人晚餐都變得很簡單。我忽然體會到媽媽為什麼在我和妹妹相繼結婚離家後變得不愛做菜的原因。因為吃飯的人少，量也不好準備，連做料理的心情都減少了。

這兩天用自己養的酵母揉了饅頭，特別做了這個有嚼勁的芝麻山東饅頭。別看小小1個，每一個小饅頭都要揉個上百次，讓乾麵粉慢慢吸收進去，饅頭才有層層疊疊的Q度。大熱天做這個，可是會汗流浹背，花不少力氣的。小的時候媽媽最喜歡吃金山南路的「不一樣」饅頭店做的山東大饅頭，用手撕開一層一層的好香甜，厚實的嚼感充滿麵香。好多年沒再去光顧了，這樣的手工饅頭店都變成寶了。蒸好饅頭，開1罐醬瓜，夾一塊麻油腐乳，再燙個地瓜葉，兩個人的晚餐雖然簡單卻也回味無窮。

芝麻鮮奶饅頭

 約做10個

材料

天然酵母老麵麵糰100克
高筋麵粉50克、天然酵母35克、冷水15c.c.、鹽1小撮

主麵糰730克
天然酵母老麵100克、芝麻粉3大匙、天然酵母200克、中筋麵粉300克、鮮奶70c.c.、細砂糖20克、橄欖油30c.c.、鹽1/4茶匙

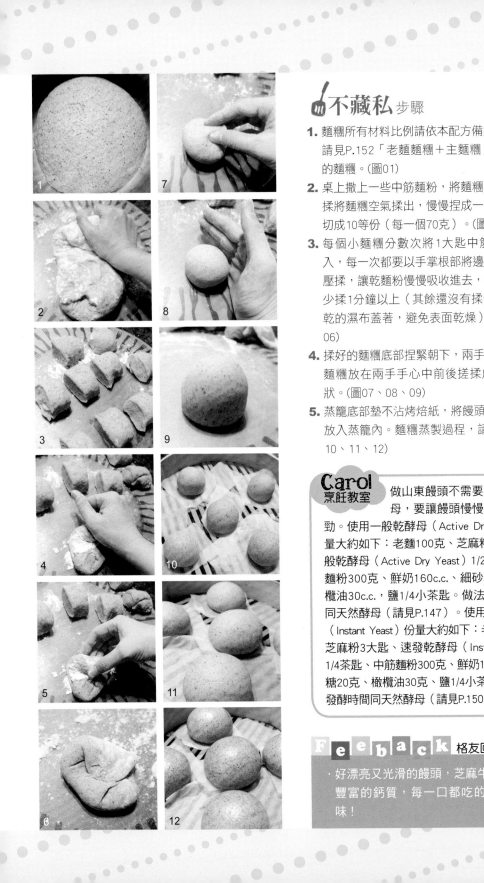

不藏私步驟

1. 麵糰所有材料比例請依本配方備好，製作方法請見P.152「老麵麵糰＋主麵糰」，製成發好的麵糰。(圖01)

2. 桌上撒上一些中筋麵粉，將麵糰移出，再次搓揉將麵糰空氣揉出，慢慢捏成一條長棒。麵糰切成10等份（每一個70克）。(圖02、03)

3. 每個小麵糰分數次將1大匙中筋麵粉慢慢加入，每一次都要以手掌根部將邊緣不停往中間壓揉，讓乾麵粉慢慢吸收進去，每一個麵糰至少揉1分鐘以上（其餘還沒有揉的小麵糰用擰乾的濕布蓋著，避免表面乾燥）(圖04、05、06)

4. 揉好的麵糰底部捏緊朝下，兩手垂直桌面，將麵糰放在兩手手心中前後搓揉成為一個圓球狀。(圖07、08、09)

5. 蒸籠底部墊不沾烤焙紙，將饅頭麵糰間隔整齊放入蒸籠內。麵糰蒸製過程，請見P153。(圖10、11、12)

121

Carol 烹飪教室

做山東饅頭不需要太多量的酵母，要讓饅頭慢慢的發才有嚼勁。使用一般乾酵母（Active Dry Yeast）份量大約如下：老麵100克、芝麻粉3大匙、一般乾酵母（Active Dry Yeast）1/2茶匙、中筋麵粉300克、鮮奶160c.c.、細砂糖20克、橄欖油30c.c.、鹽1/4小茶匙。做法及發酵時間同天然酵母（請見P.147）。使用速發乾酵母（Instant Yeast）份量大約如下：老麵100克、芝麻粉3大匙、速發乾酵母（Instant Yeast）1/4茶匙、中筋麵粉300克、鮮奶160c.c.、細砂糖20克、橄欖油30克、鹽1/4小茶匙。做法及發酵時間同天然酵母（請見P.150）。

Feeback 格友回應

· 好漂亮又光滑的饅頭，芝麻牛奶饅頭有好豐富的鈣質，每一口都吃的到營養和美味！

(mei hua)

記得之前媽媽家附近有一家有名的炭烤胡椒餅舖，常常假日就會抓好時間去等著熱騰騰的胡椒餅出爐，去晚了可就吃不到了。老闆用長夾子從燒的炭火飛揚的大爐子中夾出一個個烤的金黃香酥的胡椒餅，底部被炭火烘烤到微焦的麵皮脆極了，滲著油蔥的香味老遠都聞的到，再冷的天看老闆都是一件背心。冬天吃一個香又辣的胡椒餅，邊吃邊流鼻水，身體也自然暖和起來。

這幾年，胡椒餅舖子搬家了，很久沒去光顧了，我對這種掛爐燒的麵食都特別沒有抵抗力。自己做的胡椒餅雖然少了炭火的味道，但是烤出爐的時候，好像又回到那間小小的店面，手上握著號碼牌，等著老闆將胡椒餅的溫暖傳遞過來。

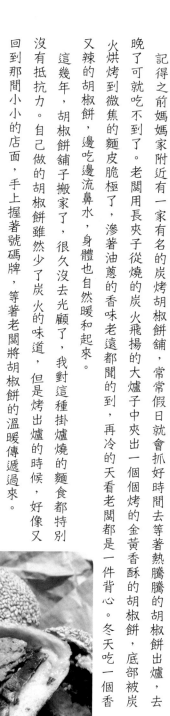

福州胡椒餅

約做
8個

材料

肉餡
後腿肉250克、青蔥150克、醃肉調味料（蒜頭2～3瓣、醬油1.5大匙、米酒1.5大匙、鹽1/4茶匙、細砂糖1大匙、麻油1大匙、粗粒黑胡椒1茶匙、白胡椒粉適量、五香粉適量）

發麵麵皮500克
高筋麵粉300克、冷水180克、速發酵母1/2茶匙、細砂糖10克、鹽1/4茶匙、橄欖油10c.c.

表面裝飾
1個蛋白液、白芝麻適量

不藏私步驟

1. 青蔥洗淨瀝乾水分切成蔥花備用。後腿肉切成粗粒肉丁，再稍微剁一下；或是買粗絞肉。切好的肉加上醃肉調味料及切末的蒜頭，攪拌均勻放至冰箱中醃2～3小時。(圖01、02)

2. 發麵麵皮材料比例請依本配方做好備用（製作方法請見P.149速乾酵母的麵糰製作方式）。(圖03)

3. 桌上撒些手粉，將發好的麵糰移出至桌上，再撒上一些高筋麵粉。(圖04)

4. 將麵糰搓揉一下將空氣壓出，將麵糰整成長條狀，平均分割成8塊（每塊60克）滾圓，表面罩上濕布鬆弛15分鐘備用。(圖05、06)

5. 鬆弛好的麵糰擀成直徑約12公分的圓形薄片，翻面後中間放上適量調好的肉餡，再加入一大匙蔥花，將收口處捏緊。(圖07、08、09、10)

6. 包好的麵糰放在兩手手心中前後搓揉滾圓。麵糰上方刷上一層蛋白，沾上一層白芝麻。(圖11、12)

7. 間隔整齊放入烤盤中，放入已預熱至200℃的烤箱中，烘烤25～30分鐘至表面呈金黃色即可。(圖13、14)

123

Carol 烹飪教室

1. 這款胡椒餅是發麵的做法，所以口感不是酥的。若想要酥一點的口感，可以把外皮改成橄欖油酥皮的做法，就會比較香酥了。

2. 很多格友在做時，底邊都會爆裂，建議讀者做的時候底部要捏緊，而且放肉餡時，麵糰邊緣不能沾到油，不然就會合不緊。另外麵糰本身不能太乾，也會影響收口。

Feeback 格友回應

· 綠媽咪照著Carol的做法做了胡椒餅，真是好吃！我家老爺很稱讚呢！謝謝你詳細的做法，讓我很輕鬆的就學會了！　(綠媽咪)

這是小的時候媽媽最常做的一道點心，放學後一進門如果聞到滿屋子水蒸汽的味道，就知道有好吃的糖三角了。剛蒸好的糖三角內餡甜香軟滑、熱騰騰、甜滋滋，解決了放學回家饑腸轆轆的我和妹妹。我喜歡偎在媽媽身邊，看她沾了滿身的麵粉，在廚房變魔術似的為了我們做這些好吃的麵點。媽媽的心是守護一家人最重要的支柱，雖然童年早已過去，但是我的心裡還是留有媽媽在廚房溫柔的模樣，對著我喊著：來吃點心了！

也許以前沒有太多好吃的東西，所以會對這些小時候吃過的食物印象特別深刻，好像再也沒有比這些平凡簡單的東西還要美味。現在的我，也在我的廚房中將這些記憶中的食物重新呈現，希望8也能體會我當年的心情，在心中留下一份美好的回憶。

花生糖三角

約做
10個

材 料

黑糖全麥麵皮約515克
低筋麵粉150克、全麥麵粉150克、一般乾酵母1茶匙、橄欖油15c.c.、鹽1/8小茶匙、黑糖30克、溫水170c.c.

內餡100克
黑糖40克、低筋麵粉30克、無糖花生粉（或黑芝麻粉）30克

124

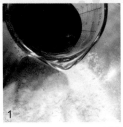

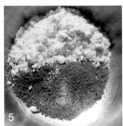

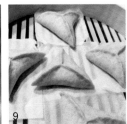

🥄 不藏私 步驟

1. 糖三角皮材料中的黑糖先溶解於溫水中，成為黑糖水備用。內餡材料全部放入大碗中，混合均勻即可。（圖01）

2. 黑糖水加入其它糖三角皮的材料於盆中攪拌成不黏手的麵糰，揉搓7～8分鐘至光滑。揉好的麵糰滾成圓形，底部捏緊朝下放入盆中，蓋上一層擰乾的濕布發酵1.5小時（約兩倍大）（圖02）

3. 桌上撒上一些中筋麵粉，將麵糰移出，再次搓揉將麵糰空氣揉出，慢慢捏成為光滑的麵糰，搓成長條，均分為十等份小麵糰。小麵糰壓扁，擀成約直徑12公分的圓形薄片。（圖03、04）

4. 糖三角內餡材料全部放入大缸中，混合均勻備用。擀好的麵皮包入一大匙內餡。（圖05、06）

5. 把外圈麵皮拉向中央，成為一個三角形，將交接處的麵皮捏緊。（圖07、08）

6. 包好的糖三角墊上防沾烤焙紙，間隔整齊的放入蒸籠。蒸製過程請見P.153。（圖09、10）

蒸製過程請見P.153。

125

Carol 烹飪教室

1. 這款餡料完全沒有加油，所以不會太濕潤。如果希望有濕潤的感覺，可以加一點奶油，但注意別加太多，不然就容易爆漿。

2. 加了低筋麵粉蒸出來時，黑糖才會跟低粉融在一起，口感才不會太甜膩。不喜歡花生粉也可以只加黑糖跟低粉就好。

3. 麵糰在製作時不能太乾，太乾蒸出來的糖三角會爆開。擀時也不能撒太多粉，有粉沾到也不容易黏合。第一次發酵的時候麵糰噴一些水，保持濕度，且在整形時儘量捏緊也都有幫助。

Feeback 格友回應

· Carol，我今天做了芝麻糖三角，很好吃喔！家人都很喜歡，因為沒有花生，所以用了芝麻，做用成三角形的形狀還真可愛，阿公看了也很開心！　（貪吃鬼）

公館水源市場旁的巷子有一家賣「宜蘭蔥餅」的小舖子，我沒有去吃過，因為每次一看到長長的人龍就放棄了。昨天去附近的小市場買菜，原本只是想買1小把青蔥，沒想到老闆說零買1斤要150元，但是賣一大把只要100元。我想了想，最後當然是抱了一大把蔥回家。看著我的蔥，當然要好好利用，馬上想到的就是來做這個想吃很久的蔥餅，因為沒有實際吃過，所以就用自己的方式來製作。

我喜歡吃帶有蓬鬆口感的發麵麵皮，所以添加了少許的乾酵母來做麵糰，包裹了調上麻油的蔥花，捲起再下鍋煎到金黃，真的是香氣十足。青蔥和油煎的麵皮真是最好的搭配。這香噴噴的蔥餅總算讓他有了好胃口。做了這些蔥餅才用了1/4大把的青蔥，今天這一大把的蔥真是划的來！

Jay的感冒已經恢復許多，但是明顯消瘦了。

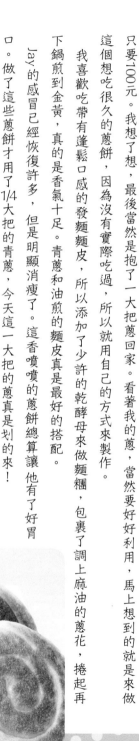

香蔥捲餅

約做 **5**個

材 料

發麵麵糰470克
中筋麵粉200克、低筋麵粉100克、速發酵母1/4茶匙、細砂糖1/2大匙、溫水170c.c.（溫水為手摸不燙的程度）、鹽1/8茶匙

內餡
青蔥約150克、鹽、麻油、白胡椒粉少許

不藏私步驟

1. 蔥洗淨瀝乾水份，切成蔥花，加入適當的鹽、麻油、白胡椒粉攪拌均勻備用。發麵麵糰材料請依本配方準備好，製作方法請見P.149「速發乾酵母麵糰」，製成發好的麵糰。(圖01)

2. 桌上撒上一些中筋麵粉，將麵糰移出，再次搓揉將麵糰空氣揉出，慢慢捏成為光滑的麵糰。搓揉好的麵糰捏成長條切成5個小麵糰（每個95克）。(圖02、03)

3. 小麵糰搓成長條，以擀麵棍垂直水平擀開，形成長條型麵皮。(圖04、05、06)

4. 拌好的青蔥均勻鋪於麵皮中央，將麵皮兩側拉起捏緊成一長條狀，收口朝內再捲成蝸牛形狀。(圖07、08、09、10)

5. 桌上撒上一些中筋麵粉避免沾黏，將捲好的麵餅放在桌上，罩上塑膠袋再發酵約20分鐘。(圖11)

6. 平底鍋加熱，倒入適量的油，油熱加入發好的麵糰以中小火將兩面煎至呈金黃色即可。(圖13、14)

Carol 烹飪教室

1. 若家中臨時沒有中筋麵粉或中筋麵粉短少，可以以高筋麵粉混低筋麵粉來代替中筋麵粉，100克的中筋麵粉＝70克的低筋麵粉＋30克的高筋麵粉，用這樣的比例來試試！

2. 如果要做雙倍的份量，就把所有材料都乘以2，乾酵母也乘以2。但不管增加多少倍或減少份量，發酵的時間都維持原來的就可以！

3. 這款是屬於發麵麵皮，所以很容易熟。只要以中小火煎到兩面呈金黃色就可以起鍋。

Feeback 格友回應

· 這香蔥捲餅看起來簡單做又美味！這週末來試試！謝謝Carol的分享！（愛麗絲）

128

饅頭中添加了一半的全麥麵粉，沒有太多餘的甜，只有淡淡的麥香，咀嚼的時候還可以嚐到麥麩的自然口感。中種麵糰雖然製做起來較花時間，但是饅頭充滿嚼勁，保證吃了還想吃。有時間多做一些冷藏或冷凍，當早餐或正餐都很方便。

全麥饅頭

約做
10~12
個

材料

中種麵糰650克
中筋麵粉200克、全麥麵粉200克、冷水250c.c.、速發乾酵母菌
1/4大匙、細砂糖1大匙
主麵糰820克
中種麵糰全部、全麥麵粉120克、橄欖油30c.c.、鹽1/8茶匙、
奶粉20克

不藏私步驟

1. 麵糰材料比例請依本配方,製作方法請見 P.151「中種麵糰＋主麵糰」,製成發好的麵糰。(圖01)

2. 桌上撒一些中筋麵粉,將麵糰移出,以擀麵棍將麵糰慢慢擀開成一片約0.5公分厚(氣泡確實壓出)的長方形麵皮。(圖02)

3. 麵皮平均切成2片,每片麵皮由長向密實捲起,收口朝下。(圖03、04)

4. 捲好的麵糰切成8公分長一段,底部墊不沾烤焙紙,整齊放入蒸籠內。饅頭蒸製過程請見 P.153。(圖05、06、07)

P.151「中種麵糰＋主麵糰」 ... P.153

Carol 烹飪教室

1. 擀麵糰時不能讓麵糰沾黏在桌上,桌上一定要撒一些麵粉,慢慢的擀,不要急!希望麵皮往那裡就往那裡擀,一點一點的擀開,氣泡都要壓出來。捲的時候一開始要捲實,如果有孔洞就比較不好,這樣做出來的饅頭表面就會很好看!

2. 如果已捲好的麵糰在鍋裡最後發酵時間已到而沒有發酵成功,有可能是酵母過期或潮濕而沒有發生作用,不然麵糰一定會發起來。最後發酵底部的水溫是否太高也要特別注意!

Feeback 格友回應

· 跟著你食譜做出來的饅頭真是超好吃,不過在擀麵皮的時候沒辦法擀成方型的! (Rebecca)

129

今天是颱風天，怕停電，所以不敢做麵包，前一陣子格友anita跟我提起了這個網路上熱賣的饅頭，也細心的分享很多資料。剛好做饅頭不怕停電，所以正好來試看看。因為沒有吃過，所以不知道這饅頭實際的風味如何。不過我用自己熟悉的方式來做，微甜的堅果和帶有煙燻味的乳酪吃起來味道很搭，就算冷了吃還是很香。

乳酪堅果饅頭

約做
8個

材料

中種麵糰660克
中筋麵粉300克、全麥麵粉100克、溫水220c.c.、黑糖40克、速發酵母3/4茶匙

主麵糰750克
中種麵糰全部、中筋麵粉50克、奶粉20克、橄欖油20c.c.、鹽1/8茶匙

內餡
南瓜子50克、葵瓜子50克、枸杞20克、辮子乳酪(Mozzarella Braided Smoked Cheese)100克

不藏私步驟

1. 麵糰材料比例請依本配方，製作方法請見P.151「中種麵糰＋主麵糰」，製成發好的麵糰。（圖01）
2. 加入南瓜子、葵瓜子及枸杞，搓揉攪拌使得堅果分佈均勻。（圖02、03）
3. 辮子乳酪切成16小塊備用。麵糰捏成長條，切成8個小麵糰（每個110克）備用。（圖04）
4. 將麵糰光滑面翻折出，加入兩塊辮子乳酪包入小麵糰中。（圖05）
5. 包入辮子乳酪的麵糰底部捏緊朝下，兩手垂直桌面，將麵糰放在兩手手心中，前後搓揉成為一個圓球狀。（圖06、07）
6. 將搓揉好的麵糰底部墊不沾烤焙紙，整齊放入蒸籠內，麵糰蒸製過程，請見P.153。（圖08、09）

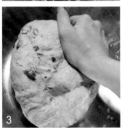

131

Carol 烹飪教室

1. 有格友做出的饅頭外型感覺有一點塌但是沒很塌，裡面空隙有一點大，可能是饅頭裡的水份太多，第一次發酵完成整形的時候要加一些乾粉，把饅頭中的舊空氣確實揉出來，加乾粉也可以調整饅頭的濕度。如果已經這樣做過，空隙還是比較大，酵母的量就必須減少1/4～1/3試試！
2. 鹽會抑制酵母的活躍，在麵包製作時加入少量的鹽，除了可以使酵母發酵過程更穩定，也會使酵母保持一定的活躍速度之外，也有增強麵筋強度及增加麵包香味的作用。但是加入的份量不可以超過麵粉量的2％，不然酵母會被抑制失去作用。
3. 這個口感屬於比較柔軟，因為第一次發酵好並沒有加粉再揉；如果喜歡有嚼勁又扎實的口感，第一次發酵好就必須加入20～30克乾粉搓揉，這種就比較有嚼勁的口感。

Feeback 格友回應

· 我想要謝謝你無私的分享，因為我苦惱已久的饅頭問題，終於解決了。謝謝你，你真的太厲害了。　　　（PLEPLE）
· 我試做了很多次都有成功，只是外型不好看，但是非常好吃。謝謝你詳細的說明，很感恩！　　　（小惠）

失，蒸出籠的花卷好像一個個美麗優雅的中國結，好看又好吃！

多一點色彩就讓單純的花卷吃起來感覺不一樣，甜菜根生澀的味道也因為蒸過而消

工作，全身的力量配合適當的節奏搓揉，是我最好的運動之一。

下午趁空檔來揉個麵糰，剛買的甜菜根正好讓我添加在花卷中，揉麵是需要體力的

天氣好，好多事要處理，曬被子、曬高麗菜、曬水果乾，可愛的太陽要好好利用。

甜菜根全麥花卷

約做
10~12
個

材料

甜菜根中種麵糰340克
中筋麵粉150克、全麥麵粉50克、速發酵母1/2茶匙、甜菜根70克、冷水70c.c.、細砂糖1大匙

全麥中種麵糰320克
中筋麵粉100克、全麥麵粉100克、速發酵母1/2茶匙、冷水120c.c.、細砂糖1大匙

主麵糰
甜菜根主麵糰430克
甜菜根中種麵糰全部、中筋麵粉60克、奶粉15克、橄欖油15c.c.、鹽1/4茶匙、細砂糖1大匙

全麥麵糰約410克
全麥中種麵糰全部、中筋麵粉60克、奶粉15克、橄欖油15c.c.、鹽1/4茶匙、細砂糖1大匙

不藏私 步驟

1. 甜菜根取70克，切小塊與水70c.c.以果汁機打成細緻的泥狀備用。(圖01)

2. 甜菜根麵糰及全麥麵糰所有材料比例請依本配方備好，製作方法請見P.151「中種麵糰（甜菜根麵糰材料加入甜菜根泥）＋主麵糰」，製作發好的麵糰。(圖02)

3. 將揉好的兩個麵糰分別用擀麵棍慢慢擀開成為一樣大的長方形麵皮，將兩個麵糰疊上，稍微拉整齊，再用擀麵棍擀平整。(圖03、04)

4. 借用鋼尺輔助，以切麵刀將兩個重疊的麵皮切成寬約1公分的長條。(圖05)

5. 將3～4條麵條為一單位，打一個單結，頭尾捲至底部。(圖06、07、08)

6. 捲好的麵糰底部墊不沾烤焙紙，整齊放入蒸籠內，蒸製過程請見P.153。(圖09、10)

133

Carol 烹飪教室 甜菜根是會因為加熱的時間長短而有不同的顏色變化，時間越長，甜菜根的顏色就消失的越多。

Feeback 格友回應

· 好漂亮的花卷喔！有創意喔！（可樂麻）
· 我昨天學你做了甜菜根全麥花卷，真好吃！謝謝你！再次謝謝你的好食譜。

(meichiu57)

紅棗饅頭

這是憑著孩時印象做出來的饅頭，我記得過年的時候，我的外婆會做出幾個這樣的

饅頭祭拜祖先，過年時也可以討個吉利。其實我已經不太記得這個饅頭外婆是怎麼

做的，只記得過年時或特別的日子會在外婆家看到。可愛的形狀很討喜，吃的時候

也可以嚐到紅棗的甜味。現在的我還是非常想念外婆的很多拿手菜：香酥鴨、乾燒

明蝦、糖醋鯉魚，過年的臘肉香腸等。小的時候只要回外婆家，最好吃的部位外婆

一定趕緊放我碗裡，深怕我吃不夠。但是現在我已經再也嚐不到她的拿手好菜，也

聽不到她「小乖」、「小乖」的叫我了。

前兩天跟妹妹約了回媽媽家，特別帶了幾個紅棗饅頭給媽媽。她看到時瞬間愣住

了，因為很多年這個饅頭不曾在家裡出

現。她跟我說她看到這個饅頭想起了她的

外婆，我們的太姥姥。媽媽說太姥姥以前

最會做這種花式的紅棗饅頭，我們母女三

人在廚房開始聊起小時候的事情，講到她

的外婆為了能夠讓她交高中學費而把耳朵

上的金耳環拿去典當的往事，媽媽的眼框

都紅了。

媽媽對紅棗饅頭的印象是她的外婆，

而我對紅棗饅頭的印象起始於我的外婆，

小小一個饅頭也有著很多的往事，串起了

我們母女三代心中深深的回憶。

材 料

中種麵糰約480克
中筋麵粉300克、一般乾酵母1茶匙、溫水180c.c.
（手摸不燙的程度）
主麵糰約750克
中種麵糰全部、中筋麵粉約150克、牛奶50c.c.、
細砂糖40克、橄欖油30c.c.、鹽1/8茶匙、紅棗適
量（洗淨將水份擦乾）

不藏私步驟

1. 麵糰材料比例請依本配方備好，製作方法見
   P.151「中種麵糰＋主麵糰」，製成發好的麵糰。
   (圖01)
2. 發好的麵糰取出置於桌上，並搓揉2～3分鐘將空氣
   揉出，分割成5份（每個85克），每個小麵糰再搓
   揉光滑，滾成圓形。(圖02)
3. 麵糰隨意拉起一角捏扁，以小刀戳一刀，塞入紅棗
   （可視個人喜好分成五角、三角），頂上也以小刀
   劃十字，塞入紅棗。(圖03)
4. 底部墊上烤焙不沾紙，整齊放入蒸籠，麵糰蒸製過
   程，請見P.153。(圖04、05、06)

Carol
烹飪教室 紅棗用蒸的可以全透，即使不蒸
          也可以直接吃喔！因為紅棗類似
果乾呢！

Feeback 格友回應
．紅棗養身又好吃，再加上好吃的饅頭！口
  水留下嚕！　　　　　　　　　（Adan）

135

好吃的芋頭可遇不可求，帶點微甜的芋頭饅頭吃的到芋頭的顆粒，蒸出來鬆鬆軟軟飄著香味，想換一下口味的時候，做一些饅頭放冰箱冷凍保存，想吃的時候蒸熱，隨時都可以品嚐到好吃的中式麵點。

芋頭饅頭

約做
8個

材料

老麵麵糰約100克
中筋麵粉60克、速發乾酵母1/8茶匙、冷水40c.c.、鹽1小撮

速發乾酵母主麵糰約630克
老麵麵糰100克、中筋麵粉300克、速發酵母1/2茶匙、鮮奶180克、細砂糖30克、橄欖油20c.c.、鹽1/8茶匙

芋頭絲150克
中筋麵粉10～20克

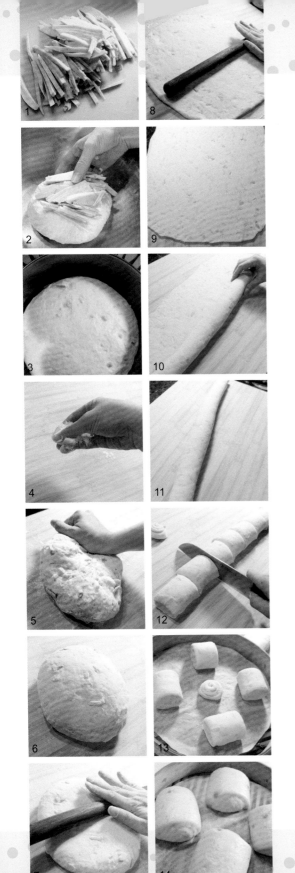

不藏私 步驟

1. 芋頭蒸熟取150克,切成條狀備用。(圖01)
2. 麵糰材料比例請依本配方備好,製作方式請見 P.152「老麵麵糰＋主麵糰」,並於該步驟7完成後,將芋頭絲慢慢揉入混合均勻,製成發好的麵糰。(圖02、03)
3. 桌上撒些中筋麵粉,發好的麵糰移到桌上,慢慢加入10～20克中筋麵粉,搓揉成為光滑無氣泡的麵糰。(圖04、05、06)
4. 麵糰以擀麵棍慢慢擀成大片約0.3～0.4公分長方形厚片,擀時桌上必須撒上中筋麵粉,以免麵皮沾黏而破皮。(圖07、08、09)
5. 將麵糰四角稍微拉整齊,再以擀麵棍擀平整,將麵糰由長向緊密捲起成為一個長條,收口朝下。(圖10、11)
6. 捲好的麵糰頭尾兩端不整齊的先切下,其餘均分8個,蒸籠底部墊不沾烤焙紙,麵糰整齊放入蒸籠內,蒸製過程請見P.153。(圖12、13、14)

137

Carol 烹飪教室

1. 若使用乳酪堅果饅頭的做法,最後加入蒸熟的芋頭的話,因為芋頭比較濕,揉的時候要多點粉,就可以成功。
2. 我的芋頭是先蒸再切,只要大約蒸個6～7分鐘就可以,目的是讓芋頭稍微加熱,手碰到才不會沾上草鹼酸而發癢,不過揉的時候一定會把芋頭絲弄得碎碎的。

Feeback 格友回應

· Carol真是太感謝你了,只要有時間我就好喜歡來你這邊看看,透過你的影片,好多看似複雜的過程都變得簡單又清楚呢!你真是太讚了! (皓皓的媽咪)

如果少了麵粉，我的生活一定失去很多動力。每天都在廚房中，將神奇的麵粉變成蓬鬆的麵包，香甜的蛋糕，熱騰騰的包子饅頭。麵粉擁有不可思議的魔力，讓料理更多彩多姿。

小小的奶黃包，一出籠不怕燙就急著往嘴裡塞。內餡加了起士粉和鹹蛋黃，吃起來不甜不膩，搭配的剛剛好。

奶黃包

約做16個

材 料

老麵麵糰100克
中筋麵粉60克、速發乾酵母菌1/8茶匙、冷水40c.c.、鹽1小撮

主麵糰610克
老麵麵糰100克、中筋麵粉300克、速發乾酵母菌1/2茶匙、鮮奶180c.c.、細砂糖30克、鹽1/8茶匙

奶黃餡380克
a. 鮮奶100c.c.、細砂糖50克、無鹽奶油50克
b. 雞蛋兩顆、帕梅善起士粉(Parmesan cheese)10克、玉米粉25克、低筋麵粉25克
c. 鹹蛋黃1個切細碎（不加鹹蛋黃沒有關係，起士粉可多加10克）

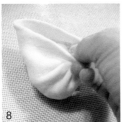
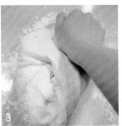

不藏私步驟

1. 製作奶黃餡，製作方式請見P.179。（圖01）
2. 麵糰所有材料比例請依本配方備好，製作方法請見P.152「老麵麵糰＋主麵糰」，製成發好的麵糰。（圖02）
3. 桌上撒上一些中筋麵粉，將麵糰移出，再次搓揉將麵糰空氣揉出，慢慢捏成為光滑的麵糰。（圖03）
4. 搓揉好的麵糰捏成長條，切成16個小麵糰（每一個35克），小麵糰壓扁，用擀麵棍擀成內部稍厚、周圍較薄，直徑約10公分的圓形麵皮（桌上稍微撒些中筋麵粉，不要讓麵皮因為沾黏桌面或擀麵棍而破皮）。（圖04、05、06）
5. 麵皮光滑面放在外側，包上適量奶黃餡，一邊折一邊轉，最後將收口捏緊。（圖07、08、09）
6. 將包好的包子底部捏緊朝下，兩隻手垂直桌面，將麵糰放在兩手心中前後搓揉成為圓球狀。（圖10）
7. 蒸籠底部墊上不沾烤焙紙，包子整齊放入蒸籠內，蒸製過程請見P.153。（圖11、12）

139

Carol 烹飪教室

1. 玉米粉會讓內餡更為滑口，如果不加玉米粉，可把玉米粉的份量用低筋麵粉代替，但是效果會差一點。
2. 如果不加老麵的話，可以直接省略，但是可能就少包3個包子。如果還是希望做這樣的份量，我建議中筋麵粉增加至350克，速發酵母約是0.6茶匙、鮮奶多100c.c.左右，且在第一次發酵可以多等個20～30分鐘讓麵糰更有彈性及麥香，這樣應該就沒有問題。

Feeback 格友回應

- 我昨天做了這個奶黃包子哦！那內餡跟外皮真的好好吃哦！我愛死了啦！　（簡單生活）
- 我用奶黃包的材料乘以2做了32個高麗菜肉包子，蒸好後沒有皺皮，超開心、超好吃的！　（福）

我最喜歡水煎包，在街頭巷尾都可以發現這個國民美食。如果看到，一定不會放棄掏出錢包的零錢買兩個。熱騰騰剛出爐咬上一口，可以讓有一點餓的胃得到安慰。大大的水煎包有著蓬鬆的外皮，煎到香酥金黃的麵底，滿口菜香。當早餐、正餐、宵夜都適合。謝謝格友小安、selina、wendy、Cindy、Ellen的好建議，讓我在家複製了這個好味道。

韭菜水煎包

約做 16個

材 料

老麵麵糰100克
中筋麵粉60克、速發乾酵母菌1/8茶匙、冷水40c.c.、鹽1小撮

主麵糰570克
老麵麵糰100克、中筋麵粉300克、一般乾酵母1茶匙、溫水150c.c.、細砂糖20克、鹽1/8茶匙、橄欖油20c.c.

內餡約600克
豬絞肉300克、冬粉1把、韭菜1把、雞蛋兩顆、調味料（醬油2大匙、雞蛋1顆、麻油1大匙、白胡椒粉1/8茶匙、米酒1.5大匙、鹽1/3茶匙、太白粉1大匙、高湯或冷開水30c.c.）

不藏私步驟

1. 製作水煎包內餡,製作方式請見P.181。(圖01)

2. 麵糰材料比例請依本配方,製作方法請見 P.152「老麵麵糰+主麵糰」,製作發好麵糰。(圖02)

3. 桌上撒上一些中筋麵粉,將麵糰移出,再次搓揉將麵糰空氣揉出,慢慢捏成為光滑的麵糰。(圖03、04)

4. 搓揉好的麵糰捏成長條,平均切成16個小麵糰(每個約30克)。(圖05)

5. 小麵糰壓扁,用擀麵棍擀成內部稍厚、周圍較薄,直徑約12公分的圓形麵皮(桌上稍微撒些中筋麵粉,不要讓麵皮因為沾黏桌面或擀麵棍而破皮)。(圖06)

6. 麵皮光滑面放在外側,包上適量內餡,一邊折一邊轉,最後將收口捏緊。還沒有包到的麵糰用擰乾的濕布蓋著避免乾燥。(圖07、08、09)

7. 平底鍋燒熱,加入1~2大匙的油,將包好的包子整齊排入,先將底部略煎一下,倒入清水(水約煎包的1公分高),蓋上蓋子小火燜煮10~12分鐘至水份收乾。(圖10、11)

8. 水份收乾後,打開鍋蓋再以小火將底部煎至呈金黃色即可。起鍋前撒上些許熟芝麻增添香味。(圖12、13)

Carol 烹飪教室

1. 內餡可以換成高麗菜。高麗菜切碎加一點鹽,稍微擠一下水再拌入就可以,不需要炒過。

2. 短時間沒有要煎,可以放冰箱冷藏,但放入冰箱只能抑制酵母發得較慢,時間久了還是會持續發酵。如果短時間3~4小時可以放冷凍,時間到就必須從冷凍室取出回溫,不然時間太長會讓酵母失效。也可以先煎熟,要吃之前再放回鍋中煎一下或蒸熱都可以。

Feedback 格友回應

· 每每最喜歡看到水煎包起鍋掀蓋那一剎那,有種幸福滿滿的味道。 (Pony)

颱風剛過，蔥價又上揚了。看著我冰箱中剩餘的那幾支格外珍貴的蔥，就覺得一定要拿來好好的做個花卷。其實我小的時候很討厭吃蔥，媽媽做的任何料理只要有一絲蔥花，都能被我挑的乾乾淨淨。現在做菜卻是無蔥不行，就算簡單煎個荷包蛋，都要加一些蔥段用醬油燴一下才過癮。

花卷是最簡單又有味道的中式麵食，麻油的香氣中透著綠色的蔥末，優雅的造型讓視覺與味覺都得到享受。我用大量的低筋麵粉做出來的蔥花卷口感非常鬆軟，做饅頭做膩的時候，蒸一籠蔥花卷變換一下心情與口味！

蔥花卷

約做
12個

材 料
老麵麵糰200克
中筋麵粉120克、速發乾酵母菌1/4茶匙、冷水80c.c.、鹽1/10茶匙
主麵糰585克
老麵麵糰100克、高筋麵粉50克、低筋麵粉250克、速發乾酵母1/2茶匙、冷開水160c.c.、鹽1/8茶匙、細砂糖約15克、橄欖油10c.c.
中間塗抹餡料
細鹽1茶匙、麻油3大匙、青蔥4～5支

不藏私步驟

1. 麵糰所有材料比例請依本配方做好，製作方法請見P.152「老麵麵糰＋主麵糰」，製成發好麵糰。(圖01)

2. 桌上撒上一些中筋麵粉，將麵糰移出，再次搓揉將麵糰空氣揉出，慢慢捏成為光滑的麵糰。搓揉好的麵糰以擀麵棍將麵糰慢慢擀開成為一片約0.5公分厚長方形麵皮。(圖02、03)

3. 青蔥洗乾淨，瀝乾水份，切成蔥花備用。麵皮上均勻撒上一層細鹽，以擀麵棍滾動將細鹽壓進麵皮中，抹上適量麻油，以刷子塗抹薄薄一層，將切細的蔥花均勻撒上。將麵皮由長向密實捲起，收口朝下。(圖04、05、06、07)

4. 捲好的麵糰，每5公分長切成一段，中間用筷子用力壓一道壓痕。(圖08、09)

5. 蒸籠底部墊不沾烤焙紙，將花卷整齊放入蒸籠內，蒸製過程請見P.153。(圖10、11、12)

Carol 烹飪教室

1. 饅頭蒸好不塌陷，有很多地方要注意，例如：麵糰不能過濕、第二次發酵也必須發到飽滿；最後溫度要漸漸讓內外接近，且蒸好不能燜，一定要開一小縫。

2. 同一配方多試幾次，把會失敗的因素一一修正，慢慢就會越來越順手。

Feeback 格友回應

· 哇！Carol推出的是我最愛的蔥花卷耶！我最愛吃了，好滿足喔！　　　　　(Penny)

· 我從小就很愛吃蔥花卷，非常謝謝你的分享！我家裡冰箱還有幾支蔥，明天我就可以來做這蔥花卷了。　　　　　(立青)

有格友問了Carol家常蔥油餅的做法，趁著蔥有1大把的時候做了這個我在家最常做的蔥油餅，有著外婆和媽媽的味道。這樣的家常蔥油餅雖然簡單，卻是怎麼都吃不膩的。

走在大街小巷，常被街角煎蔥油餅的小攤吸引，熱熱買一片就能讓有一點餓的胃得到滿足。加一點酵母做出的麵皮延展性更好，煎出來的蔥油餅更酥鬆。內餡加蔥時不要手軟，撒上一大把細細捲起，讓這個餅有著幸福好滋味！

144

家常蔥油餅

約做 4個

材料

發麵麵糰490克
中筋麵粉300克、溫水（37～40℃）180c.c.、速發酵母1/4茶匙、細砂糖10克、鹽1/8茶匙

蔥花內餡120克
蔥花120克、鹽、白胡椒粉、麻油（或豬油）少許
註：用豬油來做煎出來會更酥

🍳不藏私步驟

1. 蔥洗淨瀝乾水份,切成蔥花,加入適當的鹽、麻油、白胡椒粉攪拌均勻備用。發麵麵糰材料請依本配方準備好,製作方法請見P.149「速發乾酵母麵糰」,製成發好的麵糰。(圖01)

2. 桌上撒上一些中筋麵粉,將麵糰移出,再次搓揉將麵糰空氣揉出,慢慢捏成為光滑的麵糰。揉好的麵糰捏為一長條,用切麵刀平均切成4個小麵糰。(圖02、03)

3. 小麵糰壓扁,以擀麵棍慢慢擀開成大薄片。(圖04)

4. 麵皮上均勻撒上少許細鹽、白胡椒粉,再以麵棍前後滾動一次,使細鹽及白胡椒粉壓緊於麵皮上。(圖05、06)

145

Carol 烹飪教室

1. 一般蔥油餅都是燙麵法,把筋性燙死,延展性比較好、麵皮比較軟。我做的蔥油餅是以加酵母的發麵來做,麵皮的延展性更好,也比較不會乾硬。

2. 蔥洗乾淨後,一定要先倒著用力甩一甩,將蔥管中的水份甩出來,然後放在濾網中晾乾30分鐘就可以了。而且要包之前才切蔥花,這樣水份就不會太多,也不需要抓鹽,煎起來才會青脆漂亮!

3. 可以多做一些蔥油餅,用保鮮膜一片一片分開密封冷凍,煎的時候可以不用退冰直接煎,不過因為冷凍過的餅皮水份會散失一些,可以在煎時稍微淋一大匙清水,除了有助於冷凍後煎餅的速度,也可以讓餅吃起來不會過乾。也可以多做一些,將車輪狀的麵糰,直接放入冷凍保存,吃之前取出退冰回溫再擀開即可。

🍴不藏私步驟

5. 麵皮上加上1.5大匙麻油（或是1大匙豬油），以手將麻油均勻抹開，撒上一大把蔥花，將麵皮仔細往前慢慢捲起。(圖07、08、09)

6. 將捲成長條的麵糰捲成車輪狀，收口朝下，罩上一層保鮮膜再放置10分鐘。(圖10、11、12)

7. 煎之前將麵糰壓扁，擀成圓片。(圖13)

8. 擀成圓片的餅皮，放入鍋中，油熱後下鍋煎至兩面呈金黃色即可。(圖14、15)

Feeback 格友回應

· 今天也做了這道蔥油餅，這配方是我做過最好吃的！親愛的Carol，我怎麼能沒有你呀！ (Lulu)

· 前些天做了這好吃的家常蔥油餅，深得家人的歡迎！尤其加了大量的青蔥越嚼越香，原來加了酵母粉的蔥油餅一樣有嚼勁，真是謝謝你的分享了！ (angela)

· 最近蔥好便宜，已經照著Carol的步驟做了三次蔥油餅了，因為太好吃了，所以後面兩次都是用了配方的兩倍！最後一次內餡是用韭菜盒包剩的餡加一些蔥，也是很好吃喔！我都是先一次把全部的餅都煎好，也切好小塊。當天沒吃完就冰到冷凍庫，有時小朋友早餐要變化或是一個人的午餐時，要吃多少就拿多少下來，用小烤箱烤非常的方便（都不用到鍋鏟！） Carol真是我的好老師，謝謝你了！ (omay)

發麵麵糰做法

發麵麵糰添加了酵母菌，利用酵母菌分解產生的二氧化碳，讓麵糰膨脹佈滿氣孔，這也是包子饅頭會柔軟蓬鬆的主要原因。酵母菌最喜歡的溫度約是28～35℃，所以冬天製作的時候要放到密閉空間，旁邊放一杯熱水幫忙提高溫、濕度，麵糰才會順利膨脹。

麵糰發酵法

讓麵糰發酵最重要的材料就是酵母菌，市售常見的酵母菌是乾的酵母菌，如一般乾酵母及速乾酵母。目前大賣場或烘焙材料店較常見的速乾酵母，只有在比較傳統的雜貨店，還找得到一般乾酵母粉。除了酵母粉之外，也有人利用水果發酵所產生的酵素，來製作酵母，製作出來的風味也各有不同。

1. 一般乾酵母（Active Dry Yeast）(圖1)
由廠商將純化出來的酵母菌經過乾燥製造而成，使用前先用溫水泡5分鐘再加入到麵粉中。

1

2. 速發乾酵母（Instant Yeast）(圖2)
由廠商將純化出來的酵母菌經過乾燥製造而成，顆粒比一般乾酵母還細，所以溶解速度更快，發酵時間可以縮短，用量約是一般乾燥酵母的一半。所有的乾酵母開封後，必須密封放冰箱冷藏保存，避免受潮。

3. 天然酵母
自己用水果或空氣中天然的酵母菌培養出來的，但是因為每個人培養出來的濃度不一定相同，所以使用量也必須視實際狀況，而斟酌增減。
水果中都含有天然酵素，加上糖發酵就可以培養出天然的酵母菌，用來做發麵類的產品很適合。培養天然酵母要有耐心，不一定一次就能養成，因為酵母的養成和天氣、溫度影響很大，一般說來天氣暖和時，培養發酵的過程會比較順利。

2

蘋果天然酵母培養

材料

基本材料：蘋果約200克、黃砂糖60克、冷開水100c.c.

養成後餵養材料：（每天早晚各餵養1次）

高筋麵粉2大匙、冷開水1.5大匙、黃砂糖1/2茶匙

步驟

1. 蘋果表皮洗淨瀝乾水分，去芯切成塊狀備用。(圖01、02)

2. 玻璃瓶以熱水燙過晾乾備用。蘋果、黃砂糖、冷開水依序放入玻璃瓶中混合均勻，不需要攪拌，搖晃一下均勻就可以。(圖03、04、05)

3. 玻璃瓶口以塑膠袋罩住，塑膠袋上戳一些小洞，靜置於溫暖通風處。(圖06)

4. 每天觀察蘋果發酵狀況，約放置7～10天就會開始冒出細緻的泡沫。(圖07)

5. 等到氣泡慢慢變多，打開塑膠袋應該有濃郁的酒香飄出。(若無酒香，反而出現異味或霉菌，就是混入太多雜菌而導致失敗)(圖08)

6. 將蘋果濾出，剩下的液體加入100克中筋麵粉攪拌均勻。(圖09、10、11、12)

7. 餵養約2～4小時，酵母開始作用，氣泡明顯增加、體積也往上攀升；6～8小時後，酵母菌活動力會整個減緩下來，體積也會下降。(圖13、14)

8. 此後每天早晚固定時間各別加入2大匙的高筋麵粉、1.5大匙的冷開水及1/2茶匙的砂糖混和均勻。每隔2～3天需將舊酵母麵糊倒出一半，再繼續餵養，酵母的活力才會保持最佳狀態。此外水份的多寡也影響酵母的活動力，太稀或太濃稠都會讓酵母活動力降低。

9. 倒出的酵母可以做老麵，或添加在一般麵包麵糰或饅頭麵糰中使用。(圖15)

10. 如果長時間不會使用到，可將天然酵母密封放入冰箱冷藏，讓酵母菌處於休眠狀態，從冰箱拿出來也要經過回溫及餵養，讓酵母恢復活力才能使用。(圖16)

Tips 蘋果也可以使用葡萄乾、水梨、李子、梅子等代替。

發麵麵糰製作

一、直接法麵糰 將所有材料直接搓揉攪拌發酵。

A. 速發/一般乾酵母發麵麵糰300克

材料

中筋麵粉約200克、低筋麵粉約100克、橄欖油約20c.c.、
速發乾酵母1/2茶匙(一般乾酵母1茶匙)、冷水約180c.c.、
細砂糖約20克、鹽1/8茶匙

步驟

1. 所有乾性材料放入鋼盆中,加入冷水(冷水保留10-
   20c.c.,視麵糰搓揉狀態慢慢添加)。(圖01)
   (若使用一般乾酵母,則先將一般乾酵母放置於溫水
   中混合均勻,靜置5分鐘,再加入乾性材料中。)
2. 以手將所有材料慢慢混合均勻成糰,然後利用手掌根
   部反覆壓揉麵糰。(圖02)
3. 麵糰筋性變大後,繼續搓揉7~8分鐘成為光滑不黏手
   的麵糰。(圖03)
4. 盆中抹上少許橄欖油,加入完成的麵糰,噴灑些水,
   盒子表面罩上濕布或保鮮膜,放置於溫暖密閉的空間
   做第一次發酵,約1~1.5個小時,至麵糰為原來的兩
   倍大。(圖04)
5. 桌上撒些中筋麵粉,將第一次發酵好的麵糰移至桌
   上,表面撒上一些中筋麵粉,再繼續搓揉麵糰,使麵
   糰內部空氣排出。(圖05)
6. 揉好的麵糰滾成圓形,即可整型。(圖06)

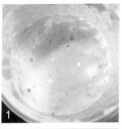

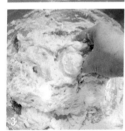

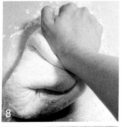

B. 蘋果天然酵母麵糰300克

材料

中筋麵粉約300克、天然酵母約200克、鹽1/8茶匙、細砂糖約30克、冷水約90c.c.、橄欖油約20c.c.

步驟

1. 備好需要用的酵母，將所有材料放入鋼盆中，加入冷水（冷水保留20～30c.c.，視麵糰搓揉狀態慢慢添加）。(圖01、02)

2. 以手將所有材料慢慢混合均勻成糰，然後利用手掌根部反覆壓揉麵糰。(圖03、04)

3. 麵糰筋性變大後，繼續搓揉7～8分鐘成為光滑不黏手的麵糰。(圖05)

4. 盆中抹上少許橄欖油，加入完成的麵糰，噴灑些水，盒子表面罩上濕布或保鮮膜，放置於溫暖密閉的空間做第一次發酵，約1～1.5個小時，至麵糰為原來的兩倍大（因為每一個人培養酵母活力不同，所以發酵時間會有所增減）。(圖06)

5. 桌上撒些中筋麵粉，將第一次發酵好的麵糰移至桌上，表面撒上一些中筋麵粉，再繼續搓揉麵糰，使麵糰內部空氣排出。(圖07、08)

6. 揉好的麵糰滾成圓形，即可整型。(圖09)

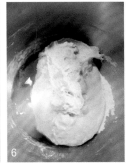

二、中種麵糰

中種麵糰雖然發酵時間較長，但是成品風味也最好。這個方式做出來的成品使用酵母量少，麵糰更有彈性，也有特別的嚼勁及口感。

中種麵糰530克

材料

中種麵糰320克
中筋麵粉200克、清水120c.c.、速發乾酵母菌1/4茶匙

主麵糰210克
中筋麵粉100克、清水60c.c.、橄欖油20c.c.、鹽1/8茶匙、奶粉15克、細砂糖15克

🥄 **步驟**

1. 將中種麵糰所有材料放入缸盆中。(圖01)
2. 以手將所有材料慢慢混合均勻成糰，然後利用手掌根部反覆壓揉麵糰。(圖02)
3. 麵糰筋性變大後，繼續搓揉7～8分鐘成為光滑不黏手的麵糰。(圖03)
4. 盆中抹上少許橄欖油，加入完成的麵糰，噴灑些水，盒子表面罩上濕布或保鮮膜，放置於溫暖密閉的空間做第一次發酵，約1～1.5個小時，至麵糰為原來的兩倍大。(圖04、05)
5. 將已經發酵兩倍大的中種麵糰，再加入主麵糰所有材料中。(圖06)
6. 以手將所有材料慢慢混合均勻成糰，然後利用手掌根部反覆壓揉麵糰。(圖07)
7. 麵糰筋性變大後，繼續搓揉8～10分鐘，成為有彈性又不黏手的光滑麵糰，即完成中種麵糰。(圖08)

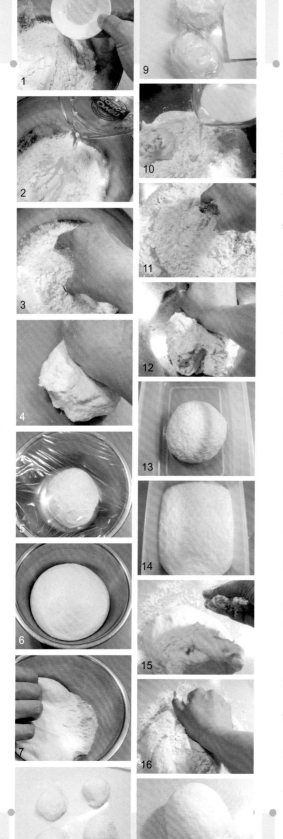

三、老麵麵糰

在包子饅頭麵糰中添加適量的老麵麵糰可以增加成品的彈性，做出來的麵點風味更好。通常做老麵的時候可以多做一點，不然份量太少很難搓揉，老麵的添加大約是主麵粉重量的25～30%就可以，也不需要添加過多以免造成成品味道過酸。

老麵麵糰610克

老麵麵糰100克
中筋麵粉120克、速發乾酵母1/4茶匙、冷水80c.c.、鹽1/10茶匙
主麵糰510克
中筋麵粉300克、速發乾酵母1/2茶匙、鮮奶180c.c.、細砂糖30克、鹽1/8茶匙

🍳 步驟

1. 中筋麵粉放入大盆中，依序加入速發乾酵母、冷水。(圖01、02)
2. 以手將所有材料慢慢混合均勻成糰，然後利用手掌根部反覆壓揉麵糰，攪拌搓揉7～8分鐘成為一個光滑不黏手的麵糰。(圖03、04)
3. 盆子上罩上保鮮膜或擰乾的濕布，放置室溫6～8小時或冰箱內低溫發酵，到隔天即可使用。(圖05、06)
4. 完成的老麵會充滿大氣孔，發好的老麵可以依照各別配方份量切割使用。(圖07、08)
5. 短時間用不完的可以分小塊，每一塊約50克，放冰箱冷凍保存，要使用前再取出退冰回溫即可。(圖09)
6. 取100克老麵麵糰加入主麵糰所有材料中。(圖10)
7. 以手將所有材料慢慢混合均勻成糰，然後利用手掌根部反覆壓揉麵糰，攪拌搓揉8～10分鐘成為有彈性又不黏手的光滑麵糰。(圖11、12)
8. 麵糰滾圓，收口朝下捏緊放入盆中，表面噴灑些水，盆子上罩上擰乾的濕布發酵1.5～2小時，約2倍大。(圖13、14)
9. 發好的的麵糰移出到撒上一些中筋麵粉的桌上，表面也撒上約15克左右的中筋麵粉。(圖15、16)
10. 以手將所有材料慢慢混合均勻成糰，然後利用手掌根部反覆壓揉麵糰，將麵糰空氣揉出成為光滑的麵糰。(圖17)

饅頭包子蒸法

做好的饅頭或包子底部墊不沾烤焙紙，整齊放入蒸籠內，開始最後的一個步驟——蒸製。

 步驟

1. 將鐵蒸籠蓋子整個包上一塊布巾（若使用竹蒸籠則免），避免滴水將饅頭表面弄不平整。（圖01）

2. 將鍋中水微微加溫至手摸不燙（溫溫的感覺）的程度關火，蒸籠放上，蓋上鍋蓋再發40分鐘至饅頭發到非常蓬鬆的感覺，發酵時間到了之後，可以用肉眼先觀察饅頭是否已經有變大，若沒有就繼續多發10～15分鐘，可用手指腹輕輕觸摸一下，感覺有類似耳垂般柔軟的感覺就是最後發酵完成。（圖02、03）

3. 發酵完成直接開中火蒸15分鐘，在時間快到前5分鐘將蓋子打開一個小縫。（圖04）

4. 時間到就關火，保持蓋子有一個小縫的狀態放置約7～8分鐘，再將蒸籠整個移除蒸鍋，再放置3分鐘才慢慢掀蓋子，這樣蒸出來的饅頭才不容易皺皮。理由是這樣可以讓蒸籠內的溫度與外面的溫度越來越接近，不至於冷空氣一下子進入而造成饅頭回縮。（圖05）

1

2

3

4

5

本書介紹的麵食類，使用各種不同的發麵麵糰，茲將各麵食所使用的發麵麵糰列表如下，方便讀者閱讀使用。

153

好一陣子沒有買到好吃的檳榔芋頭，前一陣子買了2～3次芋頭，價錢貴不說，回家切開發現不是內部長根，就是蒸出來整個芋頭都變成土黃色。完全沒辦法使用，心裡實在失望極了，所以好一陣子家裡都跟芋頭料理絕緣。

最近早上去游泳時，在泳池附近發現一個小菜攤，攤家賣的大芋頭新鮮漂亮又便宜，一口氣買了3個大芋頭，打算好好吃個過癮。

格友min跟詠馨留言想在中秋節做些簡單的伴手禮，所以第一個想到就是用剛買的芋頭來做甜點。層次分明的外皮包上濃郁的芋頭餡，這是個既好看又好吃的中式點心！

芋頭酥

約做12個

材料

油皮麵糰約390克

葷配方

油皮麵皮—中筋麵粉200克、糖粉15克、無水奶油70克、冷水105c.c.

素配方

油皮麵皮—中筋麵粉100克、糖粉15克、橄欖油25c.c.、冷水52c.c.

油酥麵糰約240克

葷配方

油酥麵皮—低筋麵粉160克、無水奶油80克、芋頭香料數滴(可省略)

素配方

油酥麵皮—低筋麵粉135克、橄欖油45c.c.

芋頭內餡約300克

檳榔芋頭250克、細砂糖40克、無鹽奶油15克、全脂奶粉10克

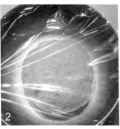

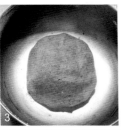

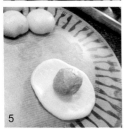

不藏私步驟

1. 製作芋頭餡，製作方式請見P.177。芋頭餡平均分成12份(每個25克)，滾成圓形備用。(圖01)

2. 油皮、油酥麵糰材料比例請依本配方，製作方式請見P.172。(圖02、03)

3. 油皮麵糰均分割成6等份(每塊60克)，油酥麵糰均分割成6塊(每塊40克)，都滾成圓形。(圖04)

4. 油皮麵皮壓扁擀開，光滑面在外，包上一個油酥麵皮，收口捏緊，收口朝下放好備用。(圖05、06、07)

5. 包好的麵糰稍微壓一下，擀成橢圓形薄片，光滑面在下，由短向捲起，收口朝下，蓋上擰乾的濕布再讓麵糰鬆弛10分鐘。(圖08、09、10、11)

155

Carol 烹飪教室

1. 天氣熱時，無水奶油會比較軟，因此混合好後會比較稀，放進冰箱一會兒就會改善，也比較好操作。記得無水奶油不要回復室溫太多，製作時會好一點。另外，混合麵粉與無水奶油時，以按壓的方式慢慢捏成團就好，不需要搓揉很久。

2. 如果在擀壓捲起的步驟中，讓油皮破裂，使得油酥都跑出來的話，層次就會不明顯了。

3. 加奶粉是為了增加奶香，如果沒有奶粉，可以加一點鮮奶或鮮奶油。

4. 油皮部份最好是當天用完，若真的有剩，最好也在1～2天內使用完，否則麵糰中的油脂都會滲出，會使油皮變硬。沒用完的油皮，可放於冷藏室，隔天將油皮取出回溫，以手搓揉是否恢復彈性，就像當天包的感覺，如果有，油皮就沒有問題；如果還是很硬，就只有放棄了。至於油酥部份，則可冷藏好多天沒有問題。不過建議還是早點使用完畢較好。另外在包製的時候，還沒有用到的油皮、油酥麵糰，也請用保鮮膜覆蓋，避免乾燥。

12

13

不藏私步驟

6. 鬆弛好的麵糰擀成長形後，翻面由短向捲起，蓋上擰乾的濕布，再讓麵糰鬆弛20分鐘。（圖12、13）

7. 鬆弛好的麵糰以刀子從中間部份切下，成為兩個麵糰。（圖14）

8. 切開的麵糰切面向上，將麵糰擀成直徑約10公分的圓形薄片。（圖15、16、17）

9. 切開面朝下，中間放上芋頭餡，餡料儘量不要沾到周圍以免較難收口，利用虎口將麵糰收口朝內捏緊成為一個圓形，收口朝下。（圖18、19）

10. 將包好餡料的芋頭酥間隔整齊放入烤盤中，放入已預熱至170℃烤箱中烘烤25分鐘，至餅皮表面呈現一圈一圈明顯紋路即可。（圖20、21）

14

15

16

17

18

19

20

Feeback 格友回應

· 我也按照Carol的食譜做了12顆耶！真的好吃的不得了！你酥油皮配方很軟很好操作，謝謝分享！　　　　（Antia）

· 多謝Carol詳細的圖片及影片解說，讓我順利的完成超滿意的芋頭酥，這個部落格的寶物及資源真的是太豐富了，重點是很親民，真得讓我這個烘焙新手超有成就感的，謝謝你！　　（可利舒）

把外婆和媽媽的味道原封不動記錄下來

每天為家人做料理，是Carol最感幸福的事！

天氣越來越冷，年味也越來越重了，這個時候就想起外婆做的臘肉。老房子的庭院中掛著一條條的臘肉，亮眼金色的冬陽灑在褐色的肉條上，這是我每逢過年心底最想念的滋味。蒸上一籠山東饅頭，再切上一盤臘肉，我跟Jay說，外婆做的就是這個味！

年前總要醃漬一些臘肉收著，這已經變成一種儀式。吃過自己做的，就再也不習慣外面買的。我好喜歡陽台曬著臘肉香腸的場景，這樣可以讓自己更貼近外婆和媽媽。今年做的臘肉多了一道煙燻的程序，吃起來更有一股歲月的味道。

每天幫Leo帶便當時，想起自己小時候也這麼吃媽媽準備的便當，有著很特別的心情。媽媽會仔細留意帶便當的菜色，湯湯水水的料理都儘量避免，帶的菜大都是醬燒、快炒、滷製等，希望中午我打開便當的時候還能夠保有色香味。小小的便當盒中充滿了媽媽的愛。

現在要換做自己來準備，心裡有一股不一樣的感覺。也期盼Leo在吃便當的同時，感受得到媽媽的心……

157

煙燻臘肉

每天早起為兒子做早餐，做兒子最有力的後盾！

紅燒肉

陰雨綿綿的天氣那裡都不適合去，正好在家揉麵糰。

許多格友提議要做的甜燒餅是我今天選中的功課，甜燒餅比較不好包，最後收口要捏緊才不容易爆餡。麵糰擀製過程也必須注意保濕避免乾燥，以免最後收口容易散開。層層疊疊的酥皮加上甜甜糖心，這燒餅好好吃！

糖燒餅

約做 **10**個

材料

油皮麵糰約265克
老麵100克、中筋麵粉100克、糖粉15克、芥花油40c.c.、冷水52c.c.

油酥麵糰約150克
低筋麵粉110克、芥花油40克

糖心內餡
細砂糖95克、熟白芝麻25克、水麥芽10克、奶油10克、低筋麵粉10克、冷水10c.c.

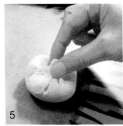

不藏私 步驟

1. 糖心內餡(製作方式請見P.179)分成10等份(每個16克)滾成圓形。油皮、油酥麵糰材料比例請依本配方製作,油皮麵糰均分割成10等份(每塊30克),油酥麵糰均分割成10等份(每塊15克),滾成圓形,組合成油皮油酥麵糰,擀成直徑約10公分圓形薄片,光滑面在外。(製作方式請見P.172)(圖01、02)

2. 油皮油酥麵皮中間放上糖心內餡,餡料儘量不要沾到周圍以免較難收口,利用虎口將麵糰收口朝內捏緊成為一個圓形,收口朝下。(圖03、04、05、06)

3. 麵糰上方薄薄刷上少許清水,沾上一層白芝麻。(圖07、08)

4. 芝麻面朝上,以擀麵棍擀開成為橢圓形薄片。(圖09)

5. 燒餅芝麻面朝上間隔整齊排放入烤盤內,放入已預熱至180℃的烤箱中烘烤15～18分鐘至表面呈現金黃色即可。(圖10、11)

159

Feeback 格友回應

·這個糖燒餅真的好吃,外面的店家一點也比不上,謝謝你全然無私的分享! (寧靜)

格友留言想自己嘗試做上海酥皮點心——蟹殼黃。上海酥皮點心蟹殼黃是我好喜歡的中式小點之一，烤的金黃酥脆的外皮猶如蒸熟的螃蟹殼，青蔥及豬油混合的香氣讓我每次經過傳統麵食店就會忍不住買幾個回家解饞。自己做不難，多一點耐心不要急，就可以揣出層次分明的中式酥皮。用橄欖油來做酥皮，多了健康少了油膩。我在廚房忙和了一早上，下午3點酥餅出爐的時候剛好趕上下午茶時間。香噴噴的蟹殼黃咬下去酥脆讓人滿口鹹香。

窗外天空藍的乾淨，廚房就是我小小的宇宙！

蟹殼黃

 約做 **12**個

材 料
蔥肉餡
青蔥120克、肥豬肉（或絞肉）100克、鹽1/2茶匙、白胡椒粉1/4茶匙
油皮麵糰240克
中筋麵粉130克、糖粉15克、橄欖油35c.c.、冷水68c.c.、速發酵母1/4茶匙
油酥麵糰180克
低筋麵粉135克、無水奶油45克

🍳 不藏私 步驟

1. 蔥肉餡做好備用（製作方法請見P.183）。（圖01）

2. 油皮、油酥麵糰材料比例請依本配方製作。油皮麵糰均分割成12等份（每塊20克），油酥麵糰均分割成12等份（每塊15克），都滾成圓形，組合成油皮油酥麵糰，擀成直徑約8～9公分圓形薄片，光滑面在外。（製作方式參考P.172）（圖02）

3. 油皮油酥麵皮中間放上蔥肉內餡，餡料儘量不要沾到周圍以免較難收口，利用虎口將麵糰收口朝內捏緊成為一個圓形，收口朝下。（圖03、04、05）

4. 麵糰上方刷上一層全蛋液，再沾上一層白芝麻。（圖06、07）

5. 間隔整齊放入烤盤中，放進已經預熱至190℃的烤箱中烘烤23～25分鐘至表面呈現金黃色即可。（圖08、09）

Carol 烹飪教室

1. 橄欖油可以大豆油、芥花油、葵花籽油、葡萄籽油等液體植物油代替。

2. 不喜歡肥豬肉可以用瘦豬絞肉代替。

3. 如果不想包肉，就直接將蔥的份量增加一倍，再加上兩大匙的麻油、鹽及白胡椒粉就可以。油皮油酥麵糰也可以改成素配方，吃健康素的朋友就可以吃。

4. 此配方中加一點酵母，會使外皮會稍微有些膨脹，烘烤起來會比較膨鬆。

5. 若使用無水奶油製作，份量如下：
   · 油皮麵皮部份：中筋麵粉約125克、糖粉約15克、無水奶油45克、冷水68c.c.。
   · 油酥麵皮部份：低筋麵粉約120克、無水奶油60克

Feeback 格友回應

· 蟹殼黃是我小時候最愛吃的點心，到現在還常常回憶那酥酥的口感。謝謝Carol的分享，有時間也要來試做看看！謝謝！　　（Yi）

· 哇！層次分明，鹹香好吃的蟹殼黃，一定要來試試。　　（翰媽）

前一陣子颱風接連的來，菜價都飆高。看到白蘿蔔出奇的便宜，開心的買了3條回家，決定做個好吃的中式點心。用橄欖油來做油酥，烤出來還是有層層疊疊酥皮的效果，吃美味不一定要有太多負擔！一出爐顧不得燙就大口咬下，蘿蔔絲的清甜，一入嘴齒頰生香，烤香的芝麻粒掉滿桌，這真是很難被取代的好味道！

162

蘿蔔絲酥餅

 約做 **8個**

材 料

蘿蔔絲內餡
白蘿蔔500克、青蔥適量、蝦米1小把、調味料（鹽、白胡椒粉各適量）

油酥皮
低筋麵粉60克、橄欖油20c.c.

發麵麵皮
中筋麵粉200克、冷水110c.c.、速發酵母1/3茶匙、細砂糖10克、鹽1小撮、橄欖油10c.c.

表面裝飾
1個蛋白液、白芝麻適量

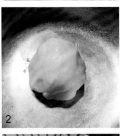

不藏私步驟

1. 蘿蔔絲內餡做好備用(製作方法請見P.182)。(圖01)

2. 油皮麵糰材料比例請依本配方製作。油皮麵糰均分割成8等份(每塊約10克)備用(製作方法請見P.172)。(圖02)

3. 發麵麵皮材料比例請依本配方做好備用(製作方法請見P.149速乾酵母的麵糰製作方式)。做好的發麵麵糰整成長條狀,平均分割成8塊(每塊約40克)滾圓備用。(圖03)

4. 發麵麵糰和油酥麵糰組合成發麵油酥麵糰(製作方式同油皮油酥麵糰組合方式,請見P.173),擀成直徑約12公分的發麵油酥麵皮備用。(圖04)

5. 發麵油酥麵皮翻面使光滑面在下,中間放上適量調好的蘿蔔餡,餡料儘量不要沾到周圍,以免較難收口。(圖05)

6. 麵糰收口處捏緊,收口朝下。包好的麵糰放在兩手手心中前後搓揉滾圓。(圖06)

7. 麵糰上方刷上一層蛋白,再沾上一層白芝麻。(圖07)

8. 間隔整齊放入烤盤中。放進已經預熱至200℃的烤箱中,烘烤20～22分鐘至表面呈現金黃色即可。(圖08、09)

163

Carol 烹飪教室

這個配方是用了發麵麵皮來做,所以會比較膨鬆。如果喜歡酥脆的口感、不能加酵母,而且油皮的量也必須增加,可以用蛋黃酥的配方來做,就會有酥酥的口感。這個配方油酥跟發麵麵皮沒辦法融合,也就是利用這兩種不同性質的麵糰反覆折疊,一層油酥一層麵皮,才能達到層層疊疊的效果,有千層的口感。

格友問起了綠豆椪，原本以為沒有時間可以分享了，但是手癢加嘴饞的我翻了一下冰箱及櫥櫃中的材料，沒想到竟然通通齊全，所以忍不住烤了一盤綠豆椪。每對這份意外的中式點心非常喜歡。

我對綠豆沙有莫名的好感，喜歡綠豆餡做的各種中式點心，它清爽的口感讓我覺得容易親近。自己炒的內餡可以控制甜度，加上香香的滷肉更別具一番風味，這是一款很適合當秋節禮物的最佳伴手禮。

綠豆椪

約做
6個

材料

綠豆內餡約300克
去殼綠豆100克、冷水200c.c.、細砂糖100克、花生油20c.c.

滷肉餡100克
豬絞肉100克、紅蔥頭2瓣、熟白芝麻1大匙、油1大匙、調味料(醬油1大匙、米酒1大匙、糖1/2大匙、鹽1/4茶匙、白胡椒粉少許)適量

油皮麵糰160克
葷配方
油皮麵皮—中筋麵粉125克、糖粉15克、無水奶油45克、冷水68c.c.
素配方
油皮麵皮—中筋麵粉100克、糖粉15克、橄欖油25c.c.、冷水52c.c.

油酥麵糰
葷配方
油酥麵皮—低筋麵粉120克、無水奶油60克
素配方
油酥麵皮—低筋麵粉135克、橄欖油45c.c.

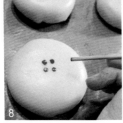

不藏私步驟

1. 放涼的綠豆餡(製作方式請見P.177)平均分成6份(每份55克),捏成圓形備用。滷肉餡製作好備用,製作方式參考P.181。(圖01)

2. 綠豆餡在手心中壓成一個碗狀,放入適量的滷肉餡然後捏成圓形備用。吃素或不喜歡滷肉餡可以直接省略,可將綠豆餡請增加到每個70克。(圖02、03)

3. 油皮、油酥麵糰材料比例請依本配方製作。油皮麵糰均分割成6等份(每塊約25克),油酥麵糰均分割成6等份(每塊20克),滾成圓形後,組合成油皮油酥麵糰,製成擀成直徑約15公分圓形薄片,光滑面在外的油皮油酥麵皮。(製作方式請見P.173)(圖04)

4. 油皮油酥麵皮中間放上內餡,餡料儘量不要沾到周圍以免較難收口,利用虎口將麵糰收口朝內捏緊成為一個圓形,收口朝下,以手壓成扁形。(圖05、06、07)

5. 麵糰間隔整齊放入烤盤中,竹籤尾端沾一些紅色食用色素在麵糰上方點上記號(可省略),放入已預熱至170℃的烤箱中烘烤10分鐘,將溫度調為150℃,再烘烤15分鐘即可。(最後15分鐘烘烤溫度不可以過高,以免上色影響外觀)(圖08、09)

Carol 烹飪教室

1. 有些格友烤好了會爆皮,可能是擀捲超過就會使得層次太薄,油皮與油酥會黏合,而烘烤的過程就會破皮。因為麵皮擀的太薄,就沒有延展性。所以不是擀多就比較好喲!

2. 綠豆椪放冷後居然變成凹面的綠豆椪,可能是烤時溫度不夠,可以將一開始的溫度調高10度試試;或是擀捲的時候太用力,也會使得油皮及油酥都融在一起,層次就會不明顯,也影響膨脹。

165

Feeback 格友回應

· 謝謝慧心巧手的Carol!讓在海外的我們可以在中秋節吃到綠豆椪!好感恩!

(小書僮)

中秋節少不了蛋黃酥，自己炒的蓮蓉餡好香，帶著一股淡雅的清新。中式的酥皮點心看似複雜，其實不難，只要按照步驟幾乎都很容易成功。有了親手做的月餅，感覺更有過節的氣氛！

YAHOO 部落格精選 # 蓮蓉蛋黃酥

約做 **12**個

材料

蓮蓉蛋黃餡
蓮蓉餡360克、鹹蛋黃12個、米酒少許
表面裝飾
全蛋1顆、牛奶一大匙、堅果適量

油皮麵糰約240克
葷配方
油皮麵皮—中筋麵粉125克、糖粉15克、無水奶油45克、冷水68c.c.
素配方
油皮麵皮—中筋麵粉100克、糖粉15克、橄欖油25c.c.、冷水52c.c.
油酥麵糰約180克
葷配方
油酥麵皮—低筋麵粉120克、無水奶油60克
素配方
油酥麵皮—低筋麵粉135克、橄欖油45c.c.

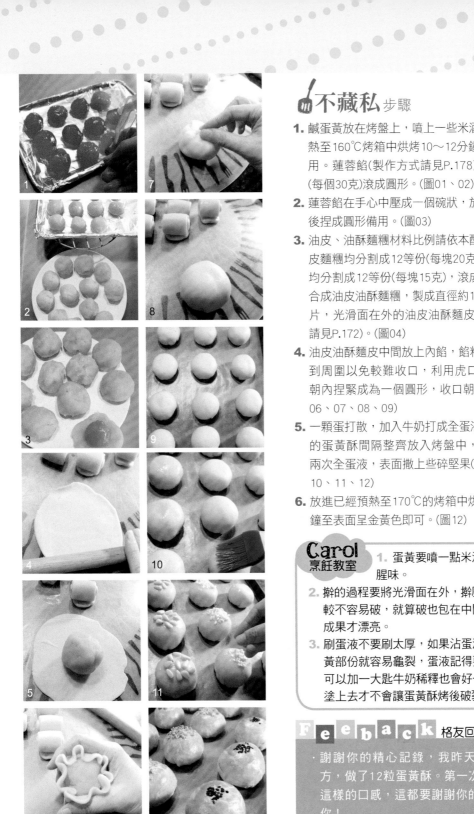

不藏私步驟

1. 鹹蛋黃放在烤盤上，噴上一些米酒，放入已預熱至160℃烤箱中烘烤10～12分鐘取出放涼備用。蓮蓉餡(製作方式請見P.178)分成12等份(每個30克)滾成圓形。(圖01、02)

2. 蓮蓉餡在手心中壓成一個碗狀，放入鹹蛋黃然後捏成圓形備用。(圖03)

3. 油皮、油酥麵糰材料比例請依本配方製作。油皮麵糰均分割成12等份(每塊20克)，油酥麵糰均分割成12等份(每塊15克)，滾成圓形後，組合成油皮油酥麵糰，製成直徑約15公分圓形薄片，光滑面在外的油皮油酥麵皮。(製作方式請見P.172)。(圖04)

4. 油皮油酥麵皮中間放上內餡，餡料儘量不要沾到周圍以免較難收口，利用虎口將麵糰收口朝內捏緊成為一個圓形，收口朝下。(圖05、06、07、08、09)

5. 一顆蛋打散，加入牛奶打成全蛋液備用。完成的蛋黃酥間隔整齊放入烤盤中，在表面刷上兩次全蛋液，表面撒上些碎堅果(可省略)。(圖10、11、12)

6. 放進已經預熱至170℃的烤箱中烘烤18～20分鐘至表面呈金黃色即可。(圖12)

167

Carol 烹飪教室
1. 蛋黃要噴一點米酒才不會有腥味。
2. 擀的過程要將光滑面在外，擀壓的時候比較不容易破，就算破也包在中間，最後的成果才漂亮。
3. 刷蛋液不要刷太厚，如果沾蛋液都沾到蛋黃部份就容易龜裂，蛋液記得要打均勻，可以加一大匙牛奶稀釋也會好一點，這樣塗上去才不會讓蛋黃酥烤後破裂。

Feeback 格友回應
· 謝謝你的精心記錄，我昨天依著你的配方，做了12粒蛋黃酥。第一次試做，能有這樣的口感，這都要謝謝你的分享！感謝你！
(彩菇)

看到格友海倫做的美味鳳梨酥，我開始有一點心虛。Carol 知道答應了很多格友要做這個好吃的點心，卻遲遲沒有動手。假日在市場買到了好好吃的的關廟鳳梨，我終於完成了答應大家要做的點心。

如果沒有鳳梨酥模也沒有關係，Carol 照著家裡的鳳梨酥模用簡易的方式做了6個，與正常的6個模子一起進爐烘烤。烤出來的效果不輸不鏽鋼模。如果不是常常做的朋友，可以試著用這樣的方法自製。

我其實不是那麼喜歡吃甜食的人，總覺得外面賣的鳳梨酥很多都過於甜膩。自己做可以變換材料，加一些不同的元素讓內餡更符合自己的口味。甜酸的鳳梨醬中包入一點松子與鹹蛋黃，甜中帶鹹很有層次感。

最後我要引用海倫說的話：自己做的鳳梨酥真是太好吃了！

松子鳳凰酥

約做
12個

材料

鳳梨酥外皮麵糰約420克

無鹽奶油120克、糖粉25克、全蛋1個、蛋黃1個、帕梅善起士粉25克、全脂奶粉20克、低筋麵粉150克、中筋麵粉50克

松子鳳凰內餡約240克

鳳梨醬約240克、松子3大匙、鹹蛋黃3個、米酒少許

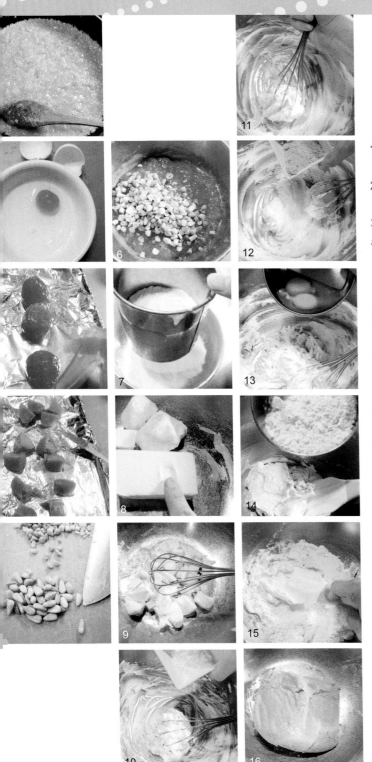

11

6

12

7

13

8

14

9

15

10

16

不藏私步驟

1. 製作鳳梨醬，製作方式請見P.176。（圖01）

2. 製作鹹蛋，製作方式請見P.180。（圖02）

3. 製作松子鳳凰內餡

a. 鹹蛋黃放在烤盤上，噴上一些米酒，放入已經預熱到160℃的烤箱中烘烤10～12分鐘取出放涼備用。（圖03）

b. 每一個蛋黃都切成4等份當內餡，每一小份再切成小碎塊。（圖04）

c. 松子放入已預熱至160℃的烤箱中，烘烤10分鐘取出放涼切碎備用。（圖05）

d. 將切碎的松子加入鳳梨醬中拌勻備用。（圖06）

4. 製作鳳梨酥外皮

a. 製作外皮需要的低筋麵粉＋中筋麵粉以濾網過篩備用。（圖07）

b. 製作外皮需要的無鹽奶油放到室溫軟化，至手壓有痕跡的程度。（圖08）

c. 將回溫的奶油放入盆中，切成小塊，以打蛋器攪打成乳霜狀。（圖09）

d. 糖粉加入，繼續攪拌均勻。（圖10、11）

e. 加入帕梅善起士粉、全脂奶粉攪拌均勻。（圖12）

f. 全蛋1個＋蛋黃1個，放入碗中攪散，分3次加入攪拌均勻。（圖13）

g. 麵粉分兩次加入，以刮刀按壓方式混合均勻，即是酥皮。千萬不要搓揉攪拌，避免出筋，酥皮口感才會酥鬆。（圖14、15、16）

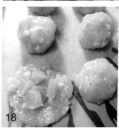
17

18

19

21

20

22

23

24

170

不藏私步驟

5. 組合&烘烤

a. 酥皮麵糰分成12份(每個35克),滾圓備用;鳳梨松子醬分成12份(每個20克,若果醬太黏手可沾些玉米粉幫助操作)備用。(圖17)

b. 切碎的1/4個鹹蛋黃包入鳳梨松子醬中,成為內餡。(圖18)

c. 酥皮麵糰擀開成大圓片,將內餡包入,收口捏緊滾成圓狀。(圖19、20)

d. 圓狀酥餅放入模具中,以手按壓麵糰至滿滿整個模具。(圖21、22)

e. 烤模間隔整齊放入烤盤中,放入已預熱至170℃的烤箱中烘烤10~12分鐘翻面,再烤10分鐘至表面呈現金黃色即可。(圖23、24)

自製簡易鳳梨酥模
(6個)

材 料
厚紙板、錫箔紙、釘書機

步驟
1. 將厚紙板裁剪成21公分 x2.25公分的長條。(圖 01)
2. 將裁剪下來的長條紙板 折成4.5公分x4.5公分的 正方型(尾端多出來的 長度重疊訂合用)。(圖 02)
3. 將錫箔紙裁剪成長條紙 板的2倍大,將紙板完 全包覆起來。(圖03)

4. 包好錫箔紙的紙板照之 前彎折的痕跡彎折成正 方模。(圖04)
5. 接合處用釘書機釘牢即 可。(圖05、06)

Carol 烹飪教室

1. 不喜歡包松子或鹹蛋黃的 人可以直接省略這兩個材料, 將鳳梨內餡增加為25克;若想換換口 味,松子可以用核桃、胡桃、杏仁粒等 自己喜歡的堅果代替。當然鳳梨餡也可 以依個人喜好用其他新鮮水果來熬煮。
2. 如果希望外皮口感吃起來更酥,可以將 外皮配方中的無鹽奶油的一半用無水奶 油取代。
3. 烤時如果會裂開,大多是因為烤的時候 溫度太高,因為內餡變的滾燙溢出,而 使外皮被撐開。
4. 市售的鳳梨餡很多是冬瓜做的,冬瓜的 纖維比較細。如果使用純鳳梨,纖維會 較多,使用麥芽糖熬煮也會比較濃稠。

171

Feeback 格友回應

· 你的這一款鳳梨酥,我除了沒有加鹹蛋, 奶油一半換成無水奶油,製作過程冗長, 但是最後得到家人熱烈的稱讚,我想要說 一聲謝謝你。 (Mandy)
· Carol你好!感謝你的無私配方喔!我昨 天有試做,真的成功哩!本來一度以為會 太甜,結果不會,我想鳳梨醬隔天好像會 釋放酸度出來,完全不會太甜膩,剛剛好 喔!謝謝你喔! (靜)
· Carol媽咪做的鳳梨酥真是料好實在耶! (我家的琪琪)

油皮油酥麵糰做法

中式酥皮類的點心是利用油皮包上油酥再　捲兩次的步驟，就可以達到層層疊疊的層次。加入的油脂都可以依照個人喜好及習慣，選擇無水奶油或液體油脂來製作。

葷食配方

材料

油皮麵皮部份（20克/個）
中筋麵粉約125克、糖粉約15克、無水奶油約45克、冷水約68c.c.

油酥麵皮部份（15克/個）
低筋麵粉約120克、無水奶油約60克（無水奶油約為低筋麵粉的50%）

註：無水奶油不要回溫到過軟的程度，以免影響操作性。無水奶油也可以使用無鹽奶油來代替。

 步驟

1. 油皮製作

a. 中筋麵粉濾網過篩備用。（圖01）

b. 糖粉加入無水奶油中混合均勻備用。（圖02、03）

c. 過篩的麵粉加入含糖粉的無水奶油中，先以手大約混合均勻。（圖04、05）

d. 加入冷水，以手攪拌5～6分鐘成為一個均勻柔軟的麵糰即可。（圖06、07、08）

e. 麵糰放入盆子裡，盆子表面封上保鮮膜，鬆弛約30～40分鐘。（圖09）

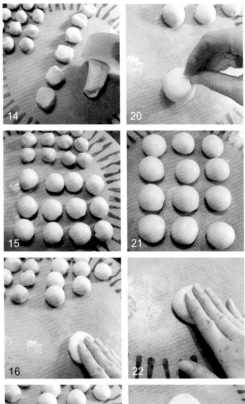

步驟

2. 油酥皮製作

a. 低筋麵粉濾網過篩備用，無水奶油備好。（圖10）

b. 無水奶油加入低筋麵粉中，以手慢慢搓揉均勻，成為一個麵糰。（圖11、12）

c. 切勿過份搓揉，導至麵粉出筋影響口感，成糰後包上保鮮膜放冰箱備用。（圖13）

3. 組合麵皮

a. 鬆弛好的油皮麵皮平均分割成配方份量（約20克/個），捏成圓形備用。油酥皮由冰箱取出，平均分割成配方份量（約15克/個），將小麵糰光滑面翻出滾成圓形備用。（圖14、15）

b. 油皮壓扁擀開，翻過面來，讓光滑面在下。（圖16、17）

c. 包上一個油酥麵皮，收口捏緊成圓形，收口朝下放置。（圖18～21）

d. 包好的麵糰稍微壓一下擀成橢圓形薄片，翻過面來讓光滑面在下，由短向捲起，收口朝下，蓋上保鮮膜讓麵糰鬆弛15分鐘。（圖22～25）

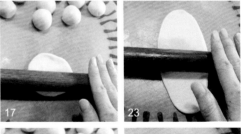

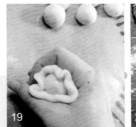

步驟

e. 將鬆弛好的麵糰擀成長形後翻面，由短向捲起，收口朝下放置，蓋上保鮮膜讓麵糰鬆弛15分鐘。(圖26～28)

f. 完成的油皮油酥麵糰收口朝上，以大姆指從中間壓下。(圖29)

g. 兩端往中間折起捏一下，將麵糰壓扁。(圖30、31)

h. 麵糰擀成直徑約15公分圓形薄片，光滑面在外，再包入餡料即可。(圖32、33、34、35、36)

174

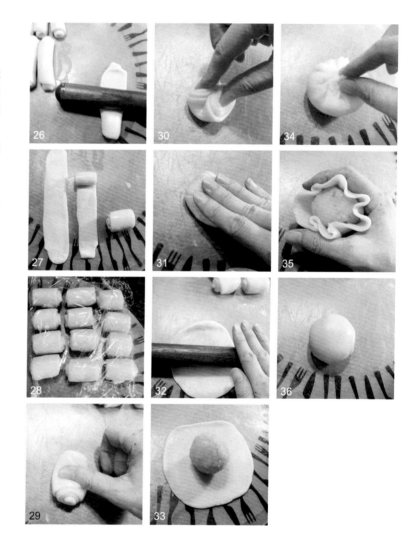

Tips Carol 貼心小提醒

1. 擀壓的時候不要擀的太長或太薄，速度稍微放慢一點，慢慢往前推，比較不會造成油皮破裂。如果擀壓的過程中讓油皮破了，會導致油酥露出來，烘烤出來就不會有層次，也不會膨脹。

2. 剛開始做會比較不習慣酥皮麵糰的鬆緊度，麵皮經過層層疊疊的擀壓，最後一定會變的比較不好包，要稍微有一點耐心。

3. 烤好後外表龜裂的原因有可能是塗抹蛋液不均勻，特別是蛋黃部份比例較多，所以讓外表龜裂，因此在調蛋液時可加一點水或牛奶，將蛋液稀釋。

4. 收口儘量多捏幾次，將它捏緊，只要收口捏緊朝下，烘烤完都不會散開的。

純素配方

材料

油皮麵皮部份

中筋麵粉約130克、糖粉約20克、橄欖油約30c.c.、冷水約70c.c.

油酥麵皮部份（15克/個）

低筋麵粉約135克、橄欖油約45c.c.（液體油脂約為低筋麵粉的33%）

註：橄欖油可以用大豆油、芥花油、葵花籽油，葡萄籽油等液體植物油代替。

 步驟

1. 油皮製作

a. 中筋麵粉濾網過篩備用。（圖37）

b. 糖粉加入麵粉中混合均勻。（圖38）

c. 再加入橄欖油及冷水。（圖39、40）

d. 用手搓揉攪拌5～6分鐘成為一個均勻柔軟的麵糰即可。（圖41、42）

e. 麵糰放入盆子裡，盆子表面封上保鮮膜，鬆弛約30～40分鐘。（圖43）

2. 油酥製作

a. 低筋麵粉以濾網過篩備用，備好橄欖油。（圖44）

b. 橄欖油加入低筋麵粉中。（圖45）

c. 以手慢慢搓揉均勻，成為一個麵糰，包上保鮮膜放冰箱備用。切勿過份搓揉，導至麵粉出筋影響口感。（圖46、47）

3. 組合麵皮　步驟同P.173。

本書介紹的麵點中，使用油皮油酥麵糰之作品，方便讀者閱讀使用。

37

38

39

40

41

43

44

45

46

47

42

Carol 麵點技巧大公開　甜餡

鳳梨醬

適用麵點
松子鳳凰酥P.168、酥餅類

材料
新鮮鳳梨約400克、細砂糖約100克、麥芽糖1大匙、無鹽奶油約50克、糯米粉約35克

步驟

1. 糯米粉平鋪於鐵盤中，放入已預熱至160℃的烤箱中，烘烤約10～12分鐘取出，放涼備用。（中間用鏟子將糯米粉翻炒一下以利烘烤均勻）（圖01）

2. 新鮮鳳梨剁成泥，連湯汁放鍋中，加入細砂糖。（圖02）

3. 加入細砂糖後，以小火慢慢熬煮至沸騰，再加入1大匙麥芽糖在熬煮的鳳梨中，以小火熬煮至湯汁非常濃稠。（圖03、04）

4. 加入無鹽奶油拌炒均勻，繼續以小火熬煮至冒大泡泡。（圖05）

5. 烤熟的糯米粉分2～3次加慢慢加入，拌勻至濃稠即可。可取一小糰稍微放涼，以手捏捏看，如果不太黏手的程度即可。糯米粉即使有剩也無妨。（圖06、07）

6. 鳳梨醬需完全涼透才可以使用。

芋頭餡

適用麵點
芋頭酥P.154、包子類、饅頭類

材料
檳榔芋頭約500克、細砂糖約
80克、無鹽奶油約30克、全脂
奶粉約20克

 步驟

1. 檳榔芋頭削皮取500克，切成塊狀或片狀，放入蒸籠大火蒸20分鐘。(圖01)
2. 蒸至以竹籤可輕易戳入的程度即可，趁熱以叉子壓成泥狀。(圖02、03)
3. 依序將其它材料加入拌合均勻，放涼即可使用。(圖04、05、06)

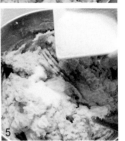

綠豆餡

適用麵點
綠豆椪P.164、豆餡涼糕P.212

材料
去殼綠豆約100克、冷水約
200c.c.、細砂糖約100克、花
生油約20c.c.

 步驟

1. 綠豆洗淨，加入200克的冷水浸泡兩小時。(圖01)
2. 浸泡後的綠豆直接放入電鍋，外鍋放一杯水蒸煮至綠豆用手可以輕易捏碎的程度。(圖02)
3. 炒鍋中倒入花生油，加入蒸煮好的綠豆，以小火拌炒2～3分鐘。(圖03)
4. 加入細砂糖，以小火拌炒約10分鐘至整個綠豆泥成糰狀即可，注意需不停的拌炒避免燒焦。短時間不用，可放冷凍保存。(圖04、05)

蓮蓉餡

適用麵點

蓮蓉蛋黃酥P.166、包子類

材料

新鮮蓮子約500克、冷水400c.c.、花生油約50c.c.、細砂糖約250克、麥芽糖約50克

步驟

1. 冷水加入蓮子中,水量要能夠覆蓋住蓮子。電鍋外鍋放1杯水,蒸煮1次,煮至蓮子用手可以輕易捏碎的程度。(圖01、02、03)

2. 蒸煮好的蓮子將鍋中多餘的水倒掉瀝乾,趁熱以叉子壓成泥狀。(圖04)

3. 將壓成泥狀的蓮蓉泥再用濾網過篩,此步驟會讓蓮蓉更細緻,沒有時間亦可省略。(圖05、06)

5. 炒鍋中倒入花生油,將蓮蓉泥加入小火拌炒2～3分鐘,加入細砂糖,以小火拌炒至蓮蓉泥水份收乾至一半。(圖07、08、09、10)

6. 加入麥芽糖,拌炒至蓮蓉泥成為不沾鍋的糰狀。(圖11、12)

Tips

1. 蓮蓉在炒製的過程,要有耐心,大約須花上10分鐘以上,同時必須不停的拌炒避免燒焦。蓮蓉餡短時間不使用,可放冷凍保存。

2. 新鮮蓮子可以以乾蓮子代替,份量變成120克乾蓮子加600c.c.清水,直接蒸煮到軟爛即可(乾蓮子不可泡水,以免煮不爛)。以花生油炒餡較香,若沒有花生油亦可以橄欖油、芥花油、葵花籽油等液體植物油代替。

糖心餡

適用麵點

糖燒餅P.158

材料

細砂糖約95克、熟白芝麻約25克、水麥芽約10克、奶油約10克、低筋麵粉約10克、冷水約10c.c.

 步驟

1. 熟白芝麻裝入塑膠袋中，用擀麵棍用力擀壓壓破，這樣芝麻香氣才會出來。（圖01）
2. 將所有材料放入盆中，以手慢慢搓揉混合成為一個均勻糰狀。裝入塑膠袋中放冰箱冷藏備用。（圖02、03、04、05）

179

奶黃餡

適用麵點 奶黃包P.138

材料

a. 鮮奶100c.c.、細砂糖約50克、無鹽奶油約50克
b. 雞蛋兩顆、帕梅善起士粉約10克、玉米粉約25克、低筋麵粉約25克
c. 鹹蛋黃1個切細碎（不加鹹蛋黃沒有關係，起士粉可多加10克）

步驟

1. 材料a.混合均勻，以小火煮至鍋邊冒小泡的程度。（圖01）
2. 材料b.雞蛋打散，加入帕梅善起士粉、玉米粉、低筋麵粉，攪拌均勻成雞蛋麵糊。（圖02）
3. 材料a.煮熱的鮮奶，倒入材料b.做成的雞蛋麵糊中攪拌均勻。（圖03、04）
4. 將鍋子移回瓦斯爐上，以小火加熱，一邊煮一邊攪拌到變濃稠，將材料c.的鹹蛋黃加入，繼續以小火加熱至攪拌成為糰狀，即是奶黃餡。（圖05、06、07）

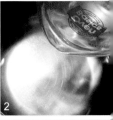

紅豆餡

適用麵點

豆餡涼糕P.200

材料

小紅豆150克、水300c.c.、黃砂糖60克(甜度自行調整)

 步驟

1. 小紅豆洗淨以300c.c.清水浸泡一夜。（圖01、02）

2. 隔天電鍋外鍋放1杯水，紅豆連浸泡的水一塊蒸煮兩次，至手可以捏碎的程度。(圖03)

3. 將蒸煮好的紅豆放入炒鍋中，添加60克的黃砂糖及50c.c冷水。(圖04)

4. 全程以中小火炒製，拌炒過程以鍋鏟微壓，讓紅豆破開成泥狀，炒到紅豆餡變濃稠。(圖05)

5. 續以小火不停拌炒(以免焦底)至整個紅豆泥成為一個不沾鍋的糰狀，放涼即可置於冰箱冷藏，短時間不用可放冷凍保存。(圖06)

鹹 餡

自製鹹蛋

適用麵點

奶黃包P.138、松子鳳凰酥P.168

材料

新鮮鴨蛋(或雞蛋)10個、冷水約780c.c.、米酒約20克、鹽約200克、乾淨玻璃瓶1個

 步驟

1. 冷水加入鹽煮沸放涼，鴨蛋洗乾淨擦乾備用。(圖01、02)

2. 米酒加入放涼的鹽水中，鹽水倒入乾淨玻璃瓶中。(圖03)

3. 鴨蛋放入密封，水量必須能淹過所有蛋，整罐放置陰涼的地方60天即完成。(圖04、05)

4. 泡好的鹹蛋取出蒸熟即可。(圖06)

5. 若要用在糕點中使用，不需蒸熟，直接將鹹蛋打破取出蛋黃即可。蛋黃放入塑膠袋中冷凍可以保存很久。使用前從冷凍庫取出，噴些米酒烤熟，就可以添加在糕點中。(圖07)

滷肉餡

適用麵點

綠豆椪P.164

材料

豬絞肉約100克、紅蔥頭2瓣、熟白芝麻1大匙、油1大匙、調味料（醬油1大匙、米酒1大匙、糖1/2大匙、鹽1/4茶匙、白胡椒粉少許）

 步驟

1. 熟白芝麻裝入塑膠袋中，以擀麵棍用力擀壓（芝麻得壓破香氣才會出來）。紅蔥頭切末備用。（圖01、02）

2. 炒鍋中加入1大匙油，加入紅蔥頭炒香。加入絞肉，不斷翻炒到變色，將所有調味料加入，以小火煮至湯汁收乾。（圖03、04、05）

3. 加入擀壓過的熟白芝麻，翻炒1分鐘即可盛起放涼備用。（圖06、07）

韭菜餡

適用麵點

韭菜水煎包P.140、煎包類、餃子類

材料

豬絞肉約300克、冬粉1把、韭菜1把、雞蛋2顆、調味料（醬油2大匙、雞蛋1顆、麻油1大匙、白胡椒粉1/8茶匙、米酒1.5大匙、鹽1/3茶匙、太白粉1大匙、高湯或冷開水30c.c.）

 步驟

1. 將2顆雞蛋打散，以少許油炒成碎蛋。（圖01）

2. 豬絞肉稍微再剁細些，韭菜切成約0.5公分小段、冬粉泡冷水軟化切0.5公分小段。（圖02）

3. 絞肉、雞蛋放入盆中攪拌均勻，高湯分2次加入攪拌均勻。（圖03）

4. 將所有材料及調味料混合在一起攪拌均勻即可。（圖04、05）

Tips

韭菜可依照自己喜好替換成高麗菜，就變成高麗菜餡。

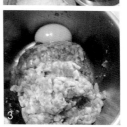

蘿蔔絲餡

適用麵點

蘿蔔絲酥餅P.162、蘿蔔絲煎餅
P.102、包子類、餡餅類

材料

白蘿蔔500克、青蔥適量、蝦米1
小把、調味料（鹽、白胡椒粉各
適量）

步驟

1. 白蘿蔔去皮刨成絲、青蔥洗淨瀝乾，切成蔥花、蝦米
   切碎備用。蘿蔔絲若有出水，把水份擠乾。（圖01）
2. 熱油鍋，加入兩大匙油，依序將蝦米、蘿蔔絲、青蔥
   加入，添加適當調味炒香即可。若不想炒過，亦可將
   刨成絲的白蘿蔔，拌入一些鹽，靜置20分鐘蘿蔔絲
   出水後，把水份擠出，加入青蔥、蝦米，再拌上調味
   料。（圖02、03、04、05）

韭菜蝦皮餡

適用麵點

韭菜盒P.105

材料

韭菜200克、冬粉一把、蝦皮3大
匙、五香豆干8片、雞蛋3顆、調
味料（麻油2大匙、鹽1/2茶匙、
醬油1/2大匙、白胡椒粉少許）

步驟

1. 韭菜切成約0.5公分小段，冬粉泡冷水軟化切0.5公分
   小段備用，雞蛋打散以少許油炒成碎蛋，豆干切成0.3
   公分小丁備用。（圖01）
2. 所有材料及調味料混合一起，攪拌均勻即可。（圖
   02、03）

白菜豬肉餡

適用麵點

鮮蝦煎餃P.110、餃子類

材料

豬絞肉500克、大白菜300克、青蔥5～6支、嫩薑片2～3片、蝦米1小把、雞蛋1顆、調味料（醬油2.5大匙、麻油2.5大匙、白胡椒粉1/4茶匙、米酒2.5大匙、鹽3/4茶匙、太白粉2大匙、高湯或冷開水100c.c.）

🍴 **步驟**

1. 豬絞肉剁成泥狀、青蔥切成細蔥花、嫩薑片切末、蝦米切末備用。(圖01)
2. 白菜洗淨切碎，加入1茶匙鹽攪拌均勻醃漬15分鐘讓白菜出水。(圖02)
3. 雞蛋打入大碗中，加入絞肉、青蔥花、嫩薑末、蝦米末攪拌均勻。分數次將高湯加入打水，目的是為了讓肉餡能夠保有水份，吃的時候肉才會嫩，也才會有湯汁。只要把高湯或冷水一次一些加進餡料中，以同方向攪拌，會發現水被餡料吸收進去。(圖03)
4. 出水的白菜擰乾，加入餡料中，加入所有調味料攪拌均勻即可。(圖04、05)

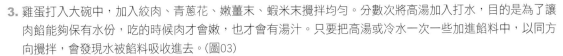

蔥肉餡

適用麵點

蟹殼黃P.160

材料

青蔥約120克、肥豬肉（或絞肉）約100克、鹽1/2茶匙、白胡椒粉1/4茶匙

🍴 **步驟**

1. 將肥豬肉用刀仔細剁成泥狀。(圖01)
2. 青蔥洗乾淨瀝乾水份，切成細蔥花。(圖02)
3. 將所有材料放入盆中仔細混合均勻即可。(圖03、04、05)

白菜牛肉餡

適用麵點
牛肉餡餅P.108

材料
牛絞肉400克、大白菜400克、
青蔥5～6支、嫩薑片2～3片、
調味料（醬油1大匙、麻油2大
匙、鹽1茶匙、白胡椒粉適量、
高湯50c.c.）

步驟

1. 青蔥切成細蔥花，嫩薑片切末。白菜洗淨切碎，放1
   茶匙鹽攪拌均勻醃漬15分鐘讓白菜出水。(圖01)
3. 出水的白菜用手將水擠去，加入餡料中。(圖02、03)
4. 將所有材料放入盆中攪拌均勻。(圖04)
5. 分數次將高湯加入打水，最後將所有調味料加入攪拌
   均勻。(圖05)

184

海山醬

適用料理
蚵仔煎P.20

材料
在來米粉2大匙，冷水300c.c.，
味噌1大匙，醬油1大匙，蕃茄醬
5大匙，醬油膏1大匙，甜辣醬1
大匙，黃砂糖1大匙

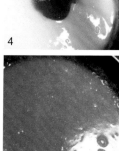

步驟

1. 將在來米粉加入到冷水中攪拌均勻，倒入鍋中。(圖
   01、02)
2. 將味噌加入攪拌均勻，小火煮到濃稠，依序將其他所
   有調味料加入煮沸即可。(圖03、04、05)

雞/豬大骨高湯

材料

雞骨架2副(豬大骨5～6塊)、青蔥2支、薑3～4片、米酒

適用料理　五更腸旺P.50、當歸紹興醉雞P.56、蔥燒雞翅P.62、金瓜海鮮米粉P.94、白菜牛肉餡餅P.108、韭菜水煎包P.140、韓國泡菜P.208、韓國辣蘿蔔P.211

步驟

1. 雞骨架（豬大骨）洗淨，青蔥切大段。將水燒開，放入雞骨架（豬大骨），先汆燙至變色就將水倒掉。(圖01)

3. 重新燒一鍋水（水量需蓋過雞骨架/豬大骨），放入雞骨架（豬大骨）、青蔥、薑及適量米酒，以小火熬煮30～40分鐘即可。(圖02、03)

蔬菜高湯

材料

玉米2條、紅蘿蔔1條支、乾海帶適量、乾香菇適量

步驟

1. 玉米，紅蘿蔔切大段。(圖01)

2. 水燒開，將所有材料放入，以小火熬煮30～40分鐘即可。(圖02、03)

Part 3
甜蜜醃漬涼拌和點心

想要在自己的廚房中揮灑魔法，

醃漬涼拌與點心類的料理絕不可少！

蔬果盛產時，用鹽巴、陽光與時間交織出來的美味，

就是餐桌上最亮眼的配角。

梅醋・梅酒
照著Carol不藏私、
不失敗製作密訣、
很容易成功喔！

韓國泡菜
連韓國格友
都肯定的配方、
你一定要試試！

情人果
酸溜甜蜜的戀愛滋味、
一做就成功！

金棗餅
格友驚呼連連的
古早味零嘴！

XO干貝醬
不失敗的配方、
有格友已經做
超過5次以上了！

廣東酸甜果
Yahoo！奇摩部落格精選
格友最愛的
開胃小菜之一！

四喜甜湯
過年喝甜湯、
祝你新的一年、
年頭甜到年尾！

清明節前，我一定會在市場找尋青梅的蹤影。即便前一年醃的還沒吃完，每年醃一缸梅子變成一種儀式，我喜歡看苦澀的青梅在時間的流逝中轉變成甘甜的果實。一年就這麼一段時間可以買到盛產的青梅，想試試的人要把握這個短短的機會。

這是去年做的綠茶梅，甘酸的梅子中透著綠茶的清香。飯後來幾顆去油解膩幫助消化，也是喝茶最好的茶點。今年照舊扛了10斤的青梅回家，準備做蜂蜜梅。櫃子下還有我醃漬超過10年的烏梅，Jay笑說我打算把這些梅子做傳家寶。真的呢！這一缸一缸的梅子都是我的寶！

綠茶梅

 約做 2.75公斤

材 料
新鮮8分熟的青梅約1.5公斤、鹽2大匙、黃砂糖1公斤、綠茶糖汁全部（綠茶1大匙，冷開水約50c.c.，黃砂糖約200克）

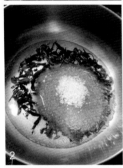

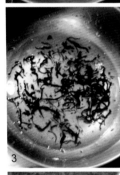

不藏私步驟

1. 綠茶以50c.c.開水煮沸泡5分鐘，然後加入約200克黃砂糖混合均勻成濃糖漿，放涼備用。(圖01、02、03)

2. 新鮮青梅洗乾淨，放在盤子上晾乾瀝乾水份。撒上鹽，以手搓揉青梅，使得表皮稍微有些破皮，讓鹽滲入。(圖04、05、06、07)

3. 搓揉過的青梅置於大盆中，放置到隔天使得青梅自然滲出酸水及苦水。(圖08)

Carol 烹飪教室

1. 若買到過青的青梅，可以稍微室溫放幾天變黃再做；或是用刀在表面稍微劃一下，這樣鹽就可以滲入了。

2. 如果覺得不夠甜可以自己再增加糖量。若使用比較青的梅子來做，梅肉會縮的比較小。

3. 開封後使用乾淨湯匙舀取，否則容易壞掉。黃砂糖和冰糖可以相互替代。

9

10

11

13

14

15

12

不藏私步驟

4. 把滲出的水倒掉，取黃砂糖約200克拌入，混合均勻放置2～3小時，再讓青梅自然滲出酸水。(圖09、10、11)

5. 取一只空玻璃罐，洗乾淨以吹風機將水氣完全吹乾備用。將青梅第二次滲出的酸水倒掉，依比例將梅子與500克的糖一層一層放入罐中。(圖12、13)

6. 倒入煮好放涼的綠茶糖水，表面再以黃砂糖完全封住。用一層乾淨塑膠袋封住，蓋上蓋子密封即可。(圖14、15)

7. 每天稍微轉動一下使得糖與滲出的梅汁混合，隔一個星期將整罐梅子的汁液倒出，再加入300克的黃砂糖煮沸後放涼，再倒回罐中密封醃漬1個月即可。

Feeback 格友回應

· 去年我照你的方法作的很成功，今年好不容易盼到梅子產期當然也要來一缸才過癮。　　　　　(tweety)

因為有你們，
我的生活更豐富！

真的要謝謝格友這麼多的建議，我才能夠嘗試很多不同的料理。腦中想做的東西太多，但有時候礙於材料有季節性，再加上家人的口味變化，所以沒有辦法很快分享，也沒有照著建議的先後順序，還請大家見諒。不過我都有一一記錄下來，再請大家多給我一些時間……

在部落格中最開心的事就是跟格友有很多的互動，大家不只跟我分享自己的心情，還會提供很多關於料理烘焙的資料來跟我一塊討論。雖然每天花不少時間，但是心裡都是暖烘烘的。謝謝你們願意花這些時間來這裡留言……

每天用一道料理或點心跟來訪的朋友打招呼已經變成習慣，生活雖然忙碌卻也讓我體驗了一些以前不曾嘗試的料理，藉由部落格我的收穫更多……

191

每天回覆格友的留言，是Carol每天必做的事情之一。

芋頭蔥煎餅

「格友照著做」TOP10料理

蓮蓉蛋黃酥	家常蔥油餅
芋頭酥	香蔥捲餅
綠豆椪	黑糖糕
松子鳳梨酥	蜜金棗
蜜汁叉燒	芋頭蔥煎餅

芋頭酥

蓮蓉蛋黃酥

青梅除了做醃梅，還可以取部份做梅醋和梅酒。琥珀色的梅湯用看的就有微醺的感覺。

梅醋

梅醋/梅酒

梅醋約
1350克
梅酒約
1500克

材料

梅醋
米醋1瓶(600c.c.)、新鮮8分熟的青梅600克、黃砂糖約150克

梅酒
清酒1瓶(600c.c.)、新鮮8分熟的青梅600克、冰糖200～300克

梅酒

不藏私步驟

梅醋

1. 新鮮青梅洗淨，放在盤子上完全晾乾水份，或以吹風機吹乾。（圖01）
2. 空玻璃罐洗乾淨用吹風機將水氣完全吹乾。（圖02）
3. 將青梅與全部的黃砂糖放入玻璃瓶中，注滿米醋。（圖03）
4. 蓋上蓋子密封4～5個月即可，喝時需以3～4倍的水稀釋。（圖04）

梅酒

1. 新鮮青梅洗乾淨，放在盤子上完全晾乾水份，或以吹風機吹乾。（圖05）
2. 空玻璃罐洗乾淨用吹風機將水氣完全吹乾。（圖06）
3. 將青梅與1半的冰糖放入玻璃瓶中，注滿清酒。（圖07）
4. 蓋上蓋子密封3個月，3個月後將剩下的冰糖全部加入密封，再放置2個月即可飲用。（圖08）

193

Carol 烹飪教室 清酒可以用米酒（不加鹽）、米酒頭或高粱酒代替；冰糖可以用細砂糖或黃砂糖代替。

Feeback 格友回應

· Carol你好，我4月上旬依照你的方法做了梅酒及梅醋，今天開封，真的很好喝！好有成就感，謝謝你！ （小向）

在通化街早市看到未熟的青芒果好樂，跟老闆問清楚確定是可以做芒果青的熟度，把攤子上剩下的全部都買走了。回家的路上心裡喜滋滋的，光用想的我的嘴巴就開始分泌唾液了。Jay笑我好愛這些酸牙根的東西，其實女生都喜歡呢！酸酸甜甜有戀愛的感覺！

這也算是有季節限定的水果，再過一陣子就沒有適合的青芒果可以做了。喜歡吃的人最近如果在市場看到，買一些醃起來，飯後就有酸甜好吃又解膩的小甜品。

情人果

約 **10-12** 人份

材 料
青芒果3斤(去皮後淨重約1800克)、鹽2茶匙、細粒冰糖(細砂糖)400克、檸檬汁1/2茶匙

註：甜度可以依照個人喜好調整

不藏私步驟

1. 青芒果、鹽、冰糖備好。(圖01)
2. 青芒果削皮切半去籽，每一個芒果約切成6～8片的條狀，泡在加了1/2匙的檸檬水中一會兒避免氧化變色。(圖02)
3. 切好的芒果條加上鹽拌勻放置3～4小時醃漬出水，醃出來的水倒掉。(圖03、04)
4. 加上細粒冰糖攪拌均勻，等糖完全融化就放冰箱冷藏2～3天入味。(圖05、06、07)
5. 醃好的芒果青可以連湯汁放在冷凍庫中冷凍結冰，吃的時候用叉子將結冰稍微搗碎即可。(圖08)

Carol 烹飪教室

1. 醃漬1天時，就取出嚐嚐甜度，不甜的話就增加糖繼續醃。
2. 細粒冰糖也可以使用細砂糖代替。
3. 有格友分享南部的吃法：是將醃過鹽的芒果青，沾上蒜頭＋砂糖＋醬油混合均勻的沾醬，據說也是很多人小時候記憶的吃法！

Feeback 格友回應

· 每次經由你的分解後才知道這情人果原來不難做，我好喜歡這滋味，都不知道原來可以自己做！明天上市場找找看還有沒有綠芒果！　　　(小燕子)

8

在市場又看到賣金棗的小販，橙黃色的金棗好像拼命跟我招手，忍不住又買了一袋。這一次我想試做的是甜滋滋的金棗餅。

Jay一看我在廚房忙著洗金棗，問我不是已經做了蜜金棗了嗎？我神秘兮兮的跟他說，做好你就知道了。原本希望有自然的陽光可以把蜜金棗曬乾，但是這一陣子老天不賞臉，我只好用烤箱低溫烘烤加上冰箱冷藏乾燥的方式來處理，還好做出來的成品不失金棗餅的風味。

看到我做好的金棗餅，Jay直呼跟外面賣的一樣。我記得小時候的零食也有這一味，婆婆也會使用金棗餅來煮好喝的甜茶。吃一塊自己做的甜甜金棗餅，童年的回憶瞬間像馬跑燈般湧上心頭。

時間雖然不會停止向前，但我們的人生卻也因為如此更加豐富。

金棗餅

約600克

材料

金棗約500克、鹽1/2匙茶匙（金棗重量的0.5%約2.5g）、細砂糖約150克、麥芽糖約100克、清水3大匙、表面沾糖（細砂糖適量）

不藏私步驟

1. 金棗洗淨，擦乾後備用以小刀在金棗身上畫 5～6條深線(皮要劃破)，放入盆中。(圖01、02、03)

2. 鹽全部撒入金棗中，混合均勻，放在室溫中一晚，隔天將醃出來的酸水倒掉。(圖04)

3. 將細砂糖、麥芽糖、清水全部加入鍋中以微火熬煮，不時攪拌均勻至麥芽糖全部融化。(圖05、06、07)

Carol 烹飪教室

1. 所謂放入冰箱中自然乾燥，就是把金棗餅直接鋪放在盤子上，整盤置放於冰箱(不需要任何覆蓋)，冰箱就會讓金棗餅脫水。

2. 麥芽糖煮出來不會太甜膩，口感也比較好，湯汁也會較濃稠。如果沒有麥芽糖，可以把麥芽糖的份量改成細砂糖及蜂蜜(各一半)，或是全部以冰糖代替。

3. 完成的金棗餅，若沾糖後還是有點濕黏(棗餅中心點)，是表示還烘烤的不夠，可以再放入冰箱2～3天(不可以罩塑膠袋或密封)自然脫水，成品也會變的更乾燥清爽。

4. 我是用黃色麥芽，顏色會比較漂亮！細砂糖是作蛋糕的白砂糖沒錯。蜜金棗煮好要曬乾或是低溫烘乾，才不會濕黏。沾糖後要要放冰箱保存才不會反潮。

5. 也可用金桔來做，過程一樣。只是綠色的橘皮會在煮的過程中變色，比較不好看。

🍳不藏私步驟

4. 將金棗加入攪拌均勻,並持續以小火熬煮8～10分鐘,直至金棗呈現半透明狀即可關火,蓋上蓋子靜置到隔天,此步驟完成即是蜜金棗。(圖08、09、10)

5. 以濾勺將浸泡好的蜜金棗盡量瀝乾取出,剩下的湯汁可以泡茶喝。蜜金棗以手壓扁成花形,表面沾一層細砂糖。(圖11、12、13、14)

6. 花形蜜金棗排放整齊在鐵網架上,放入已預熱至80℃的烤箱中,烘烤3～4小時乾燥。(若有充足陽光可以用曝曬方式曬乾)(圖15、16)

7. 取出放涼後,在表面再沾上一層細砂糖,沾滿糖的金棗餅放入冰箱中自然乾燥1～2天即完成。(圖17、18)

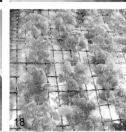

198

9隻貓9種愛
他們是我的家人

　　每隔一段時間，家中的貓咪就要剪一次指甲。這是我最喜歡的事情之一。

　　一隻一隻抱來坐在腿上，牠們都會乖乖的讓我剪去尖的像彎勾的指甲前端。

　　看著牠們任我擺佈，我可以如此貼近牠們，感受到牠們對我的完全信任。

　　晚上睡覺前雙雙會幫我暖被子；早上一睜開眼睛就看到小哲偎在枕頭邊；

　　布布會傻呼呼的逗人開心；叮叮清澈的眼睛叫人憐愛；

　　斑斑喜歡在我做飯時討抱抱；小胖一看到啤酒就發狂，看起來一付無辜模樣好可愛；

　　單單全身都肉墩墩的，是冬天最好的暖爐，叫聲像羊咩咩；

　　家裡的小可是最黏Leo的貓，只要他在家，幾乎都膩在他的房間。趴在Leo腿上陪他唸書、上網、做功課…，晚上也偎在他的枕頭邊一塊睡覺。

　　Leo沒有兄弟姐妹，家裡的貓咪就是他最好的朋友！

　　從1隻貓到9隻貓，家裡的轉變好大！

　　Jay也從不愛貓的人變成貓痴，

　　我們生活中所有大小事都離不開貓咪！

　　因為9隻貓給我9種不同的愛……

199

為貓咪剪指甲，是Carol最愛做的事情之一。

貓咪們互相依偎在一起，霸佔了沙發的位置。

小布

小必

單單&雙雙

這是答應格友yt要做的涼糕，是在台灣常見的甜點，在市場買菜時，常常會看到賣涼糕的小販，總會忍不住買幾個解饞。紅豆、綠豆及芋頭的口味好豐富，稍微冰過再吃，QQ的口感會更好。

豆餡涼糕

約
8~10人份

材料

紅豆餡約300克、綠豆餡約300克

a. 涼糕外沾粉：太白粉約30克

b. 地瓜粉約80克、太白粉(樹薯粉) 約40克、冷開水100c.c.

c. 冷開水200c.c.、細砂糖約50克

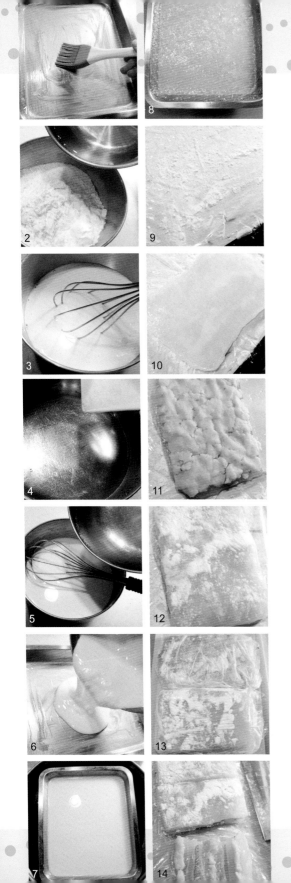

🖌 不藏私步驟

1. 不鏽鋼方型盒上塗抹一層奶油，蒸鍋燒上一鍋熱水備用。（圖01）

2. **a**材料的太白粉鋪在烤盤上，放入烤箱中用160℃，烘烤6～7分鐘取出放涼備用，此熟粉是為了沾裹外皮避免沾黏。**b**材料的地瓜粉及太白粉放入盆中混合均勻，加入100c.c.冷開水，以打蛋器混合均勻。（圖02、03）

3. 將**c**材料的冷開水、細砂糖放入盆中煮至沸騰。（圖04）

4. 將煮好的糖水慢慢倒入混合均勻的**b**材料中，邊倒邊攪拌。再把粉漿放回瓦斯爐上以小火加熱10秒鐘離火，邊加熱邊攪拌，切記不要煮太久，不然會變的很濃稠不好倒入盤中。（圖05）

5. 將稍微濃稠的粉漿倒入抹油的盤子中。放入已經燒開的蒸鍋中，視粉漿厚薄以中小火蒸8～10分鐘即可。（圖06、07）

6. 蒸好的粉漿會膨脹是正常的，從蒸鍋中取出放涼然後放冰箱稍微冰20～30分鐘取出包餡，冰一下會比較好操作。（圖08）

7. 切菜板上鋪一層保鮮膜，撒上烤過的太白粉避免沾黏，將稍微冰過的涼糕外皮放到切菜板上，鋪餡的那一面儘量不要沾到烤過的太白粉，不然餡料容易散開。（圖09、10）

8. 菜刀上抹一些烤過的太白粉，將涼糕平均切成兩半。其中一半鋪上綠豆餡或紅豆餡（做法請見P.177），再將另一半外皮蓋上。（圖11、12）

9. 用保鮮膜包起來放冰箱冰1個小時取出，以刀切成適當大小即可。切時刀子要沾一些粉，以快速用壓的方式來切比較好操作。（圖13、14）

Carol 烹飪教室

1. 台灣的太白粉多為生樹薯粉，也可買「日本太白粉」，日本太白粉為馬鈴薯熟粉，可直接食用。

2. 一次不要做太多，涼糕冰久了就會變的不Q軟，最好趁新鮮食用。若真的吃不完而冰到變硬，可以將涼糕放入盤中用保鮮膜包起來再蒸8～10分鐘，取出放涼即恢復Q軟的口感。

201

天氣冷的時候，最想吃點甜的！這道甜湯不用花太多時間，很快就可以做好！熱熱的喝，身子一下就暖了！夏天也可以吃涼的呢！

四喜甜湯

 約 4~6人份

材料

抹茶豆沙丸（糯米粉約60克、抹茶粉1大匙、冷水55克、烏豆沙適量）、乾燥白木耳約15克、紅棗約40克、桂圓肉約30克、冰糖適量、清水1200c.c.

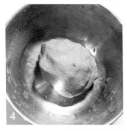

🍴不藏私步驟

1. 抹茶粉加入糯米粉中，加入冷水以手混合搓揉成為均勻糰狀。(圖01、02、03、04)
2. 糯米糰搓成長條，再依照自己的喜好大小捏成小糰，搓圓壓扁後包入豆沙餡。完成的湯圓封上保鮮膜避免乾燥備用。(圖05、06、07)
3. 白木耳以冷水浸泡軟化，硬塊剪掉。(圖08、09)
4. 白木耳與紅棗放入鍋中，加入清水。(圖10)
5. 內鍋放入電鍋中，外鍋1杯水，先蒸煮第一次。蒸煮好第一次後，加入桂圓肉、冰糖，外鍋1杯水、再蒸煮第二次。(圖11)
6. 第二次蒸煮好，燜20分鐘即可加入煮好的抹茶丸子一起享用。(圖12)

203

Carol 烹飪教室

1. 材料可以隨自己喜好做替換，諸如：抹茶丸子可以換成一般的白湯圓或紅湯圓，或換成蓮子。
2. 乾燥蓮子不能泡水，洗乾淨直接煮，不然一泡水就煮不爛了。

Feeback 格友回應

· 這四喜甜湯甜在嘴裏，暖在心裡，冬天天冷最適合了～～ 　　　　(ㄚ芬)
· 天氣冷時每晚都會煮甜湯暖暖身體，這四喜甜湯看來還真是色香味俱全呢！
　　　　　　　　　　　　　(Susan)

大過年的總是遇到濕冷的天氣，那兒也不想去！不過不管天氣陰冷，偶爾這樣的無所事事，每天跟貓咪一樣睡到自然醒，也是一種幸福！過年中吃的都比平時豐盛，煮一鍋銀耳甜湯除了解膩也溫暖了濕溼冷冷的天氣。

紅棗蓮子銀耳羹

約 4~6 人份

材料
紅棗約50克、乾燥蓮子約50克、白木耳約20克、清水2000c.c.、冰糖適量

不藏私步驟

1. 白木耳洗淨泡清水1～2小時，至木耳變的漲大且柔軟，將木耳後方硬塊剪去。（圖01、02）

2. 將白木耳放入果汁機中，加入500c.c.清水打成細緻的泥狀。打碎的白木耳倒入鍋中，加入剩餘的清水。（圖03、04、05）

3. 將洗乾淨的乾燥蓮子放入，以電鍋蒸煮40分鐘。（圖06）

4. 然後將洗淨的紅棗及適量的冰糖放入，再蒸煮30分鐘即可。（圖07、08）

Carol 烹飪教室

1. 不用電鍋也可以放在瓦斯爐上以小火熬煮。

2. 白木耳打碎比較容易煮爛。

Feeback 格友回應

· 冬天小P就煮這道甜品，很適合在冷冷的冬天給大家一碗熱呼呼的溫暖！

（小P）

· 哇！好有年味的一道甜品啊！學起來學起來！ （純純）

· 喝甜湯，一整年都有甜甜好運氣喲！

（Nanako）

下午出門回家，偶爾經過一個水果攤，門前堆積如山的高麗菜1顆只賣10元。我忍不住下車挑選，每一顆高麗菜飽滿翠綠，都讓人捨不得放下。我拿了3顆就已經沉甸甸的，看到老婆婆遞給我一顆又趕緊放到袋子中。

這4顆高麗菜只花了40元，想想颱風時曾經買過1顆超過100元的，忽然覺得有一點心酸。這麼漂亮的菜要經過多少照顧才能長成，竟然10元就讓我買到手，可以想見菜農的損失很大。

買回家就要努力的吃，把好吃的高麗菜變成好吃的料理。做泡菜一定少不了，還可以做一些我喜歡的高麗菜飯。碰到便宜的高麗菜時，大家一定要多吃一點！

台式泡菜

約10~12人份

材 料
高麗菜1.5公斤、紅蘿蔔1條、鹽1.5大匙
調味料
味霖30c.c.、黃砂糖約180克、白醋150c.c.、辣椒粉1/2大匙

🍳不藏私 步驟

1. 高麗菜洗淨切小塊，紅蘿蔔刨絲備用。（圖01）

2. 鹽撒入高麗菜與紅蘿蔔中，混合均勻放置2個小時，等高麗菜自然出水。（圖02、03、04、05）

3. 稍微擠壓一下將醃出來的水倒掉，依序將味霖、白醋，辣椒粉及黃砂糖視自己喜愛的酸甜度加入拌勻，即可裝到玻璃瓶中1天以上，醃到入味即可（天氣冷可以放室溫），入味之後放冰箱冷藏保存。（圖06、07、08）

Carol 烹飪教室

1. 若沒有味霖，就多加2/3大匙米酒＋1/3大匙糖，或者直接省略亦可。

2. 辣椒粉可以用新鮮辣椒1～2支切段代替。

3. 可以將白醋的份量減少，加入金桔、檸檬、柳丁、香吉士的汁液代替，果皮可以視個人喜好取部份切絲放入泡菜中增添香氣，就可以變化出不同滋味的泡菜。

4. 醃漬的時間要注意一下，有些可能要久一點生菜的味道才會去除，量多的話一天也許還不夠，記得要稍微上下翻一下以利味道平均。

5. 做好的泡菜均需置於冰箱保存。

Feeback 格友回應

· 今天一口氣買了6顆高山高麗菜，正好可以照著Carol的配方試試看。謝謝分享！ （lin）

· 好清爽的一道菜喔！我也喜歡這樣酸酸甜甜的開味菜，好棒！ （貴妃）

韓國泡菜

看到市場白蘿蔔堆的跟小山一樣的時候，我就知道該來做韓國辣蘿蔔了，每年醃漬一缸辣泡菜已經變成一種習慣。醃好的泡菜除了當小菜直接吃，還可以做泡菜鍋、煎餅、炒菜、炒飯，用處好多。

去年跟著格友貓咪媽媽及April做了好吃的泡菜，原本今年還想再來醃一些，就聽到格友may告訴我貓咪媽媽關格了。雖然很驚訝，不過我還是要祝福貓咪媽媽找到了好工作，一切順利。也因為如此，讓我興起回家跟媽媽請教韓國泡菜製作的過程，在部落格中做一個完整的記錄。

爸爸曾經因為工作關係與媽媽在韓國住過一段不算短的時間。要做出好吃的韓國泡菜，最好是用新鮮的魷魚是為了增加鮮度，不喜歡可以省略。配料中加入了各式各樣的山產海產，新鮮的魷魚是為了增加鮮度，不喜歡可以省略。

也因為加入的配料都不一樣，所以每一個韓國人家做出的泡菜口味都有獨特的風味。

糯米糊的作用可以帶出甘甜味，也讓所有材料混合的更濃稠，覺得麻煩也可以使用糯米粉拌入高湯中代替。自己做出來的泡菜滋味真的完全不同，不管是用大白菜還是蘿蔔來做，都可以讓餐桌多一些不同的感覺。吃飯的時候夾一盤泡菜，酸辣中帶著各種材料的滋味，開胃又解膩！

時候，跟著鄰居婆婆學了韓國泡菜的製作方法。所以媽媽在韓國的時候，跟著鄰居婆婆學了韓國泡菜的製作方法。配料中加入了各式各樣的山產海產，新鮮的魷汁多飽滿、葉片又完整的山東白菜。

材 料

韓國泡菜

山東大白菜2顆、白蘿蔔1/2顆、青蔥3～4
支、青蒜2支、薑3～4片、韭菜5～6支、松子
1小把、蘋果(小)1顆、水梨(小)1顆、新鮮魷魚
(中)1隻、蝦皮2大匙、蝦醬2大匙、粗辣椒粉
約50克、細辣椒粉約50克、黃砂糖約30克、
蜂蜜約50克、鹽巴約20克、糯米飯（圓糯米
1/2杯、冷水1杯）、高湯材料（小魚乾1小
把、乾海帶1/3片、柴魚1小把、冷水600c.c.）

韓國辣蘿蔔

白蘿蔔3～4個（約2,000克）、鹽巴約40克
（白蘿蔔重量的2%）、泡菜抹醬（同韓國泡
菜，將白蘿蔔絲改成紅蘿蔔絲）

不藏私步驟

1. 大白菜切成兩半，以清水將菜葉沖洗乾淨，尾
   朝上將水瀝乾。(圖01、02)
2. 翻開瀝乾水份的白菜，每一片葉片都均勻抹上
   鹽巴，再一片一片蓋回去，靜置在濾網中一整
   天使得白菜自然脫水。(圖03、04、05、06)
3. 圓糯米加1杯水煮成軟糯米飯，趁熱攪拌成糊
   狀。(圖07、08、09)

不藏私步驟

4. 高湯材料放入鍋中熬煮10分鐘,過濾之後加入糯米飯中,以壓泥器搗成泥狀,放涼備用。(圖10、11、12、13)

5. 青蔥、青蒜、韭菜洗淨切段,新鮮魷魚取身體切條狀,白蘿蔔刨成粗絲,生薑及蘋果、水梨磨泥,放入大盆中。(圖14、15)

6. 放入白蘿蔔、青蔥、青蒜、韭菜、薑泥、松子、新鮮魷魚、蝦皮、蝦醬、蘋果泥及水梨泥,和粗細辣椒粉攪拌均勻,再加入放涼的糯米高湯糊攪拌均勻,即是用來醃漬韓國泡菜的醃料(也可用來醃漬韓國辣蘿蔔)。(圖16、17、18)

7. 攪拌均勻的醃料由內而外適量塗抹鋪放在每一片白菜葉上,將全部抹好醬料的半個白菜放入乾淨的玻璃缸或陶甕中密封。(圖19、20、21)

8. 放在通風陰涼的地方3～6天即可。喜歡酸可以多醃幾天,最好不要超過10天。醃好的泡菜從缸裡取出放入冰箱中冷藏保存。(圖22)

Carol 烹飪教室

1. 不喜歡加新鮮魷魚可以改加2大匙魚露代替。

2. 蝦醬可選用李錦記幼蝦醬。

3. 辣椒粉份量為參考,請依自己喜好決定。

4. 此份量約做兩顆山東白菜,請依照自己做的份量增減調味醬料。

5. 怕酸的人吃的時候可以加一些蜂蜜或黃砂糖拌勻。

6. 有格友反應,蘿蔔醃好後,口感不脆。醃料多一些少一些不會影響的,但重要的是一開始蘿蔔一定要確實壓水,這樣口感才會脆。

🍴不藏私 步驟

9. 白蘿蔔洗刷乾淨，連皮切成條狀放入盆中。鹽巴倒入混合均勻，放置2小時使得蘿蔔自然脫水，將醃出來的水倒掉。(圖23、24、25、26)

10. 在白蘿蔔上方用一個重物壓住過夜，再將第二次壓出來的水倒掉即可。(圖27)

11. 將攪拌均勻的步驟6做好的醃料倒入白蘿蔔中，混合均勻的白蘿蔔放入乾淨的玻璃缸或陶甕中密封，放在通風陰涼的地方3～6天即可。(圖28、29、30、31)

Feeback 格友回應

· 依Carol的配方做了一次辣蘿蔔，超成功的，買了一百元的蘿蔔就做了好幾罐，因為太讚了，所以分送朋友送光了！ （阿澎）

· 你做的泡菜很道地喔！我經常收到韓國友人送的泡菜，就是這個味道，讚喔！ （羚）

小黃瓜及白蘿蔔盛產的時候，一定要做一點醃漬的涼菜。吃飯的時候夾一盤這樣酸甜的小菜，開胃又爽口！

廣東酸甜果

約
5-6人份

材 料

小黃瓜、白蘿蔔、紅蘿蔔加起來約600克、鹽1大匙、調味料（白醋3～4大匙、黃砂糖5大匙）

🍳不藏私步驟

1. 小黃瓜、白蘿蔔、紅蘿蔔洗乾淨，切成約1公分厚的條狀。（圖01、02）
2. 將1大匙的鹽加入混合均勻放置2～3小時自然出水，把第一次醃出來的水倒掉。（圖03、04）
3. 在蔬菜上方用一個重物壓住過夜，再將第二次壓出來的水倒掉。（圖05、06）
4. 將白醋及黃砂糖加入混合均勻，嗜辣此時可以切一些辣椒片加入。（圖07、08、09）
5. 放置到冰箱中冷藏1～2天完全入味即可，可於冷藏中間可以翻一下會入味更均勻。（圖10）

Carol 烹飪教室

1. 天氣冷，壓重物過夜可以不用放冰箱，室溫即可。如果夏天天氣熱，放冰箱較適合。
2. 壓重物才可以把蔬菜中的多餘的水份壓出來，這樣醃漬出來的酸甜果會更脆。
3. 使用的重物我是利用大玻璃瓶裝滿水，然後再找一個比裝蔬菜再小一點的鋼盆壓在上方，鋼盆中再放上裝滿水的玻璃瓶就可以了。
4. 醃漬酸甜果剩下的湯汁可以利用做糖醋料理，請見P.28糖醋魚塊、P.38咕咾肉。

213

Feeback 格友回應

· 泡了一晚，苦澀味都沒了，只剩下酸甜好滋味。真的感謝你！現在每天都會等著看有甚麼新菜呢！（Angus）
· 這個好！我本來就有想要做涼拌的菜，有你的步驟圖就覺得更有信心去做。（kerent）

剝皮辣椒是媽媽最喜歡的一道小菜，胃口不好的時候挾2條就著稀飯吃滋味好！醃漬過後的蔬菜與新鮮蔬菜的味道有著截然不同的風味，我都很喜歡！

利用當季盛產的蔬菜做一些醃漬小菜，就可以延長料理的賞味期限。醃漬過後的蔬菜更與新鮮的味道有截然不同的風味。

將青辣椒一個個去皮是還蠻麻煩的事，所以自己做了才會覺得外面賣的並不貴。挑選青辣椒可以選擇肉比較厚的口感更好。角椒、翡翠椒也都可以試試。

214

剝皮辣椒

約 6~10人份

材料

青辣椒約600克、植物油適量、醃漬湯汁（醬油50c.c.、米酒20c.c.、黃砂糖約20克、清水50c.c.

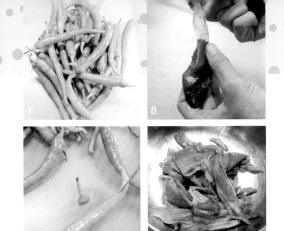

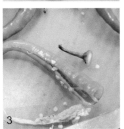

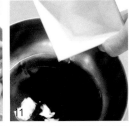

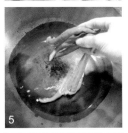

🍳不藏私步驟

1. 青辣椒洗淨瀝乾，以一把小刀把蒂頭切去，在青辣椒身上直切一刀。以刀尖將青辣椒的籽及囊去除。（圖01、02、03、04）

2. 鍋中放適量植物油，油熱放入處理好的青辣椒炸2～3分鐘，炸到青辣椒表皮浮起產生泡泡的感覺即可。（圖05、06）

3. 將青辣椒撈起，油瀝乾。以手將青辣椒的外皮剝掉，放入乾淨的玻璃瓶中。（圖07、08、09、10）

4. 全部調味料放入盆中小火煮沸至糖融化，煮好的調味湯汁放涼。最後放涼的調味湯汁倒入剝皮青辣椒中醃漬1個星期即可（需放冰箱中保存）（圖11、12、13）

Carol 烹飪教室　辣椒辣度都不同，去籽請注意手沾上辣椒可能會出現灼熱感，可以戴上薄手套操作。

Feeback 格友回應

· 這也是我很愛的小菜之一，配稀飯夾個1～2條，就可以把整碗稀飯吃光，雖然蠻辣的，但很過癮，下次有機會也來試試！　（娃娃）

· 兒子超級喜歡剝皮辣椒，尤其是煮雞湯！有空一定要來試試！　（阿蘇媽）

格友P是我在另個部落格的朋友，熱情又友善。最喜歡看她將女兒——BB的所有狀況鉅細靡遺記錄下來，那是媽媽才有的愛。年初就答應P要做XO干貝醬，已經快拖過一年，自己都感到不好意思了。

上星期天氣很好，Jay帶我逛迪化街，買到了品質不錯的珠干貝，再另外搭配蝦米及扁魚乾等容易取得的材料，干貝醬終於有譜了。

煮碗麵，用干貝醬拌上滋味真是好！

216

XO干貝醬

約 900公克

材 料

珠干貝150克、蝦米50克、扁魚乾30克、蒜頭60克、紅蔥頭60克、朝天椒40克、純橄欖油(pure)350c.c.、調味料（醬油50c.c.、蠔油50c.c.、米酒30c.c.、黃砂糖2大匙）

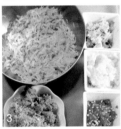

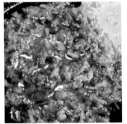

不藏私步驟

1. 將干貝洗淨泡沸水軟化放置到涼。泡軟的干貝瀝乾水份，以手大概撕成細條（軟化的干貝手稍微擠壓就會散開）。(圖01)

2. 蝦米洗淨泡溫水3分鐘瀝乾水份切碎，扁魚乾、蒜頭、紅蔥頭及朝天椒依序切末，或用食物調理機打碎。(圖02、03)

3. 炒鍋中倒入橄欖油，油熱就將干貝絲放入小火炒3～4分鐘至略微金黃色。(圖04、05、06)

4. 加入切碎的蝦米、扁魚乾，拌炒2～3分鐘，再將蒜頭、紅蔥頭及朝天椒加入炒香。(圖07)

5. 最後將全部調味料放入，以小火再炒2～3分鐘即可。(圖08、09、10、11)

6. 裝進用熱水消毒乾淨且完全乾燥的玻璃瓶中，完全放涼放冰箱保存，每一次夾取一定要使用乾淨的湯匙。(圖12)

Carol 烹飪教室

1. 珠干貝比較小，沸水直接就可以泡軟。如果使用較大的干貝，光泡熱水可能還不能夠軟化，就必須再蒸20分鐘。泡干貝的湯汁不要丟棄，可以當高湯使用。

2. 使用的油脂都可以選擇自己喜歡的油，油量會依照材料多寡有增減，原則上以能夠淹沒所有材料為原則。

3. 還可以依照個人喜好加入金華火腿、鹹小卷或是鹹魚等，扁魚乾及蝦米等材料也都可以自行替換調整。

4. 朝天椒很辣，若用手切請小心沾上避免產生灼熱感，最好戴上手套操作。也可以用一般紅辣椒代替，請依照自己可以接受辣的程度酌量增減，完全不加也沒問題。

Feeback 格友回應

· 我有做喔！家人都說好吃，拌麵拌飯炒青菜都超搭滴！謝謝Carol無私的分享！ (haidy)

辣蘿蔔乾

外婆在廚房無所不能，從宴席料理到家鄉麵食，印象中只要我們想吃的東西幾乎都可以出現在餐桌上。

外婆最會做一些醃漬的家常小菜，辣蘿蔔乾及糖蒜就是我們最常吃的。吃稀飯、配饅頭都少不了夾上一盤。

小的時候覺得這些東西再平常不過，從未想過外婆在製作中花費的苦心。她看我們愛吃，總是不怕辛苦的準備。自己現在回想起來，才知道當時的我有多幸福，可以吃到這些可口的風味小菜。

趁著天氣好，買了便宜又爽脆的白蘿蔔，我也在露台曬著蘿蔔乾。看著蘿蔔曬太陽的變化，在醃漬的過程中，我好像也能體會外婆那份滿滿為家人奉獻的心。

約
10~12人份

材 料
白蘿蔔、鹽（鹽量約為白蘿蔔重量的0.5%）、醃漬材料（蘿蔔乾700克、紅辣椒2支、辣豆瓣醬1.5大匙、麻油3～4大匙、黃砂糖1大匙、醬油1大匙）

🍴不藏私步驟

1. 蘿蔔表皮刷洗乾淨，連皮醃才會更脆。連皮切成寬約1公分、長約5公分的條狀。(圖01、02)

2. 將適當的鹽加入，以手混合均勻放置3～4小時出水。蘿蔔醃出來的水倒掉。(圖03、04)

3. 將蘿蔔排放到網架上曬太陽，白天有陽光拿出來曬，晚上收起來放冰箱冷藏。(圖05、06)

4. 約曬2～3天到蘿蔔乾半乾的程度即可，可時間視陽光強度決定，曬到手摸沒有水份，但是卻還柔軟的程度即可。(圖07)

5. 紅辣椒切段，將所有材料加入曬好的蘿蔔乾中混合均勻。(圖08、09)

6. 放入乾淨的玻璃瓶中放冰箱冷藏保存，醃漬2～3天入味即可。(圖10、11)

Carol 烹飪教室

1. 因為還要再加其他材料醃漬，所以此方式曬出來的蘿蔔乾味道較淡。如果要做一般鹹蘿蔔乾，鹽量需要調整為白蘿蔔重量的2～3%較適合，曬的時間也要拉長1-2天。

2. 曬蘿蔔乾的時候要注意時常翻面，讓蘿蔔乾透氣，不然容易發霉出現黃色斑點。

219

Feeback 格友回應

· Carol的辣蘿蔔乾真的好好吃，照著Carol的食譜做，真的好成功。我跟我們家honey好快就把一整罐吃光光了，因為我怕失敗，所以只先做小小罐，現在要繼續做第二罐嚕！

(捲毛小公主)

· 我最愛辣蘿蔔乾了，Carol做的看起來好好吃哦！我一定要學起來啦！現在蘿蔔這麼便宜，一定要多做一些。

(ring)

東坡肉
成品入口肥而不膩，
色澤紅亮，
味醇濃郁。

干貝芥菜
用珠干貝提鮮，
豪華又美味。

Plus

最超值家常年菜

Carol為讀者特別加入了10道做法簡單、美味的年菜料理，

過年時候做為宴客菜或自用小酌皆合適。

希望忙碌的主婦們都能夠輕鬆完成一年中的大事，

跟家人一塊渡過愉快的團聚時光。

今年過年，就來試試這幾道好菜吧！

砂鍋魚頭豆腐煲
魚肉鮮嫩，魚頭充滿膠質，
湯頭味道美極了。

除夕圍爐是過年的重頭戲，但是現在很多家庭選擇到餐廳團圓，讓忙碌的主婦減少了許多準備與烹調的時間。不過還是有不少媽媽會親自動手做年菜，讓返鄉的家人吃到懷念的味道，一解鄉愁。

這一道筍絲蹄膀可以提前做好，當天再加熱即可上桌，節省很多時間，好看又好吃。

筍絲蹄膀

約 8-10人份

材料（圖01）

豬蹄膀1個（約1000克）、筍乾300克、薑4～5片、
青蔥2～3支、蒜頭3～4瓣、八角4～5個、高湯1500c.c.

煮蹄膀調料

水2000c.c.、薑2片、米酒2大匙

調味料

醬油150c.c.、冰糖30克、米酒3大匙、白胡椒粉1/4茶匙
五香粉1/8茶匙、鹽1/3茶匙

🍳不藏私步驟

1. 筍乾清洗乾淨，泡水一夜，將浸泡的水倒掉，筍乾切段。

2. 青蔥切大段。

3. 煮沸一鍋水，將筍乾汆燙5～6分鐘，撈起備用。（圖02、03）

4. 蹄膀清洗乾淨，加入2000c.c.的水，放入薑片及米酒，燉煮40分鐘後撈起（剩下的湯汁請保留做為燉煮高湯使用）。（圖04、05、06）

5. 蹄膀稍微放涼，在表面皮的部份抹上一層醬油（份量外）。（圖07）

6. 炒鍋中倒入1大匙油，等油溫熱，將蹄膀皮朝下放入煎製。（圖08）

7. 蓋上蓋子，以小火煎約5～6分鐘，至表面呈現金黃色即將蹄膀撈起。（圖09、10）

11

16

12

17

13

18

14

19

15

20

🍴 不藏私 步驟

8. 將薑片、青蔥段、蒜頭及八角放入煎蹄膀的鍋中翻炒2～3分鐘。（圖11）

9. 再依序將醬油、冰糖及高湯與米酒、白胡椒粉、五香粉、鹽加入，煮至沸騰。（圖12、13、14）

10. 蹄膀放入燉鍋中，然後將煮好的調味料倒入。（圖15、16）

11. 蓋上蓋子，以小火燉煮1小時。（圖17）

12. 然後再將準備好的筍乾加入。（圖18）

13. 蓋上蓋子，以小火再燉煮30～40分鐘即可。（圖19、20）

14. 盛盤，可以搭配香菜裝飾。

223

Carol 烹飪教室

1. 製作雞高湯

材料

雞骨架2副、青蔥2支、薑3～4片、米酒1～2大匙

步驟

a.雞骨架洗淨，青蔥切大段。

b.水燒開，將雞骨架放入，先汆燙至變色就將水倒掉。

c.再重新燒一鍋水（水量需蓋過雞骨架），放入雞骨架、青蔥、薑及適量米酒。

d.以小火熬煮30～40分鐘即可。

e.此高湯可以運用在各式各樣的料理中。

2. 市售高湯塊1塊＋水1500c.c.可以代替雞高湯，但另外添加的鹽請斟酌減少。

一上桌就聞到荷葉撲鼻的清香，蒸肉粉吸飽了湯汁，排骨蒸到軟爛，這是到小魏川菜必點的一道料理。過年準備年菜非常辛苦，荷葉排骨可以先做好冷凍保存，吃之前再大火蒸熱可以馬上上桌，好吃又討喜。

荷葉排骨

約 8人份

材料（圖01、02）
豬肋排骨900克、市售蒸肉粉2包（約120克）、蒜頭4～5顆、薑3～4片、乾燥荷葉4～5片

調味料
甜酒釀3大匙、醬油3大匙、辣豆瓣醬3大匙、花椒粉1/4茶匙、白胡椒粉1/4茶匙、麻油1大匙、水4大匙

1

2

3

4

5

6

7

8

9

不藏私步驟

1. 醃漬排骨

a. 豬肋排骨選擇約10公分段狀。

b. 蒜頭及薑片切末。

c. 依序將所有調味料及蒜頭末、薑末加入豬肋排中混合均勻。（圖03、04、05）

d. 放置冰箱冷藏過夜，醃漬入味。（圖06）

2. 包製

a. 乾燥荷葉清洗乾淨，泡水20～30分鐘軟化。（圖07）

b. 將荷葉對半剪開。（圖08）

c. 放入熱水中汆燙3分鐘。（圖09）

d. 醃漬好的豬肋排從冰箱取出，回復室溫。

接下頁→

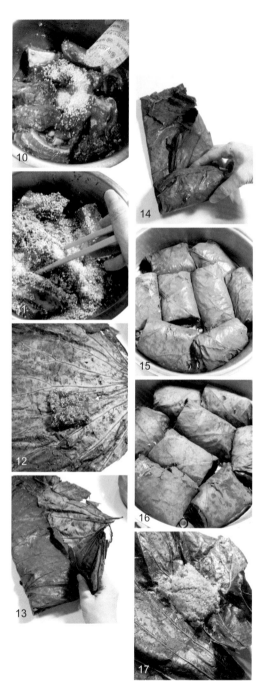

不藏私步驟

e. 加入市售蒸肉粉混合均勻。（圖10、11）

f. 每2塊豬肋排放在荷葉上，收口朝下放置。
（圖12）

g. 將豬肋排用荷葉包裹起來。（圖13、14）

h. 包好的豬肋排整齊排放在蒸籠內。（圖15）

i. 以大火蒸60分鐘即可。（圖16、17）

Carol 烹飪教室

1. 豬肋排也可以使用豬軟骨排代替。
2. 荷葉可以在中藥店購買。
3. 蒸肉粉份量可依照自己喜歡斟酌。
4. 甜酒釀可以使用米酒代替，另外多添加1/2大匙糖。
5. 蒸好的荷葉排骨可以冷凍保存，吃之前再蒸熱即可。

東坡肉是杭州傳統名菜，相傳文學家蘇東坡喜好美食，東坡肉就是由蘇東坡創製。這道料理要選擇肥瘦分明的五花肉做為主料，再添加蔥、薑、辛香料及黃酒、醬油、冰糖等輔料文火慢煨數小時烹製而成。成品入口肥而不膩，色澤紅亮，味醇濃郁。

東坡肉

約 8人份

材 料（圖01、02）

整塊帶皮豬五花肉1600克、薑5～6片、八角5～6個、桂皮2支、青蔥5～6支、水1000c.c.

調味料

醬油160克、冰糖75克、鹽3/4茶匙、紹興酒200c.c.（分成2等份）

綿繩適量

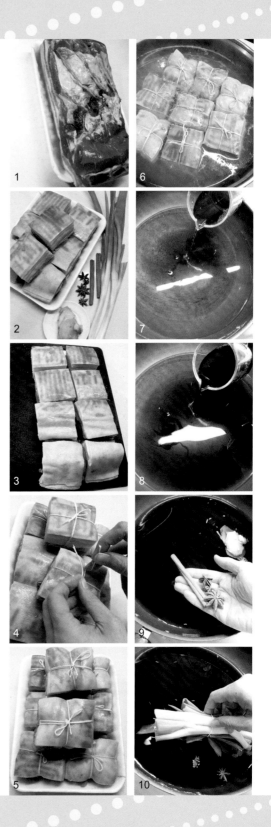

不藏私步驟

1. 帶皮豬五花肉表面的毛清除乾淨，切成約7公分正方塊。（圖03）
2. 每一塊豬五花肉塊用綿繩扎緊（避免熬煮過程散開）。（圖04、05）
3. 煮沸一鍋水（份量外），將肉塊放入汆燙5～6分鐘至變色，撈起。（圖06）
4. 青蔥用綿繩綁成一束。
5. 將水1000c.c.倒入鍋中，加入所有調味料（紹興酒先加入100c.c.）。（圖07、08）
6. 再將薑片、八角、桂皮及青蔥放入煮至沸騰。（圖09、10）

228

Carol 烹飪教室

1. 調味料份量可以依照自己喜歡斟酌。
2. 熬煮過程若時間未到，但湯汁已經明顯過少，請自行添加水，熬煮時間可以自行增減。
3. 一次做多可以冷凍保存，吃之前解凍退冰，再大火蒸熱即可。

不藏私 步驟

7. 放入豬肉塊。（圖11）

8. 蓋上蓋子，以小火熬煮1～2小時，至湯汁收乾到剩下約1/2份量。（圖12）

9. 將剩下一半的紹興酒均勻淋灑在肉塊上，以小火繼續熬煮1小時，至湯汁收乾到剩下約1/4份量。（圖13、14）

10. 肉塊與湯汁盛起放入碗中，淋上1大匙紹興酒（份量外）。（圖15、16）

11. 放入蒸籠中，以大火蒸1～2小時至肉完全酥爛即可。（圖17、18）

鹹香的臘肉加上青脆爽口的蒜苗紅綠交錯，這是年節中少不了的一道賞心悅目的年菜。

蒜苗炒臘肉

約 4 人份

材　料（圖01）
臘肉250克、蒜苗2支、紅辣椒2支
調味料
鹽1小撮、糖1/2茶匙、米酒1大匙

🍳不藏私步驟

1. 臘肉吃之前放入沸水中煮3～5分鐘，撈出切成薄片（此步驟可以去除一些煙燻味及鹹度，吃的時候風味更好）。（圖02、03）
2. 蒜苗切段，將蒜白與蒜青部份大略分開。（圖03）
3. 紅辣椒切段。（圖03）
4. 鍋子不放油，將臘肉片放入，以小火炒至金黃出油，撈起。（圖04）
5. 利用臘肉炒出來的油，放入紅辣椒段及蒜白炒香。（圖05、06）
6. 適量的加一點點鹽（若臘肉比較鹹，鹽可以省略）。
7. 將炒好的臘肉片加入，翻炒均勻。（圖07）
8. 然後將蒜青加入翻炒，最後把糖及米酒放入，以大火拌炒均勻即可。（圖08、09）

Carol烹飪教室 蒜苗不要炒太久，以免顏色不好看。

蔥燒海蔘是非常適合年節享用的大餐，我的奶奶也會在年夜飯特別準備這一道料理。海蔘本身並沒有任何味道，所以必須利用高湯來煨煮入味。青蔥炸過會產生香氣及甜味，與海蔘結合創造出精緻的風味。

過年一定是很多媽媽最忙碌的時候，打掃、準備年菜都不是簡單的工作。希望大家保持愉快的心情，來年一切順利。

蔥燒海蔘

約 **6-8人份**

材料（圖01）

新鮮海蔘600克、青蔥150克、薑4～5片、雞高湯250c.c.

調味料

紹興酒2大匙、醬油2大匙、糖1/2大匙、烏醋1大匙、鹽1/8茶匙、麻油1/2大匙、白胡椒粉1/8茶匙、太白粉1大匙＋水1/2大匙混合均勻（勾芡使用）

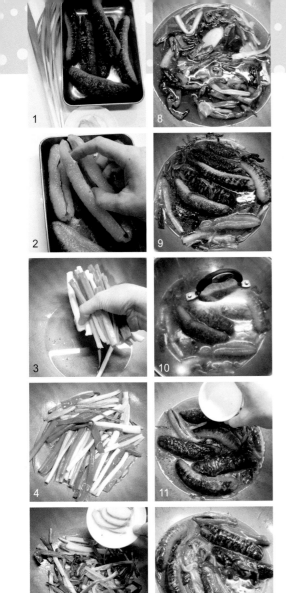

不藏私步驟

1. 將海蔘腹部剖開，將內部內臟仔細挖除，清洗乾淨（務必將內部刮洗乾淨，避免有砂影響口感）。（圖02）
2. 青蔥洗淨切大段，瀝乾水份。
3. 炒鍋放約4～5大匙的油，等油溫熱就將青蔥段放入。（圖03）
4. 以中火將青蔥段炒至微微金黃（圖04）
5. 然後將薑片及雞高湯倒入。（圖05、06）
6. 再將調味料（除了麻油及太白粉水之外）加入。（圖07、08）
7. 海蔘放入煮至沸騰。（圖09）
8. 蓋上蓋子，以小火燜煮約20～22分鐘，至海蔘軟爛且湯汁剩下1/3份量（若中間湯汁不夠，請適量斟酌添加高湯）。（圖10）
9. 最後使用太白粉水勾芡，起鍋淋上麻油。（圖11、12）
10. 汆燙青菜（份量外）鋪在盤底，將完成的海蔘放在青菜上，淋上湯汁即完成。（圖13、14）

Carol 烹飪教室

1. 製作雞高湯

材料

雞骨架2副、青蔥2支、薑3～4片、米酒1～2大匙

步驟

a.雞骨架洗淨，青蔥切大段。

b.水燒開，將雞骨架放入，先汆燙至變色就將水倒掉。

c.再重新燒一鍋水（水量需蓋過雞骨架），放入雞骨架、青蔥、薑及適量米酒。

d.以小火熬煮30～40分鐘即可。

e.此高湯可以運用在各式各樣的料理中。

2. 市售高湯塊1塊＋水1500c.c.可以代替雞高湯，但另外添加的鹽請斟酌減少。

3. 鋪底青菜可以選擇菠菜、青江菜或豆苗。

豆腐煮到充滿大孔洞，吸飽了鮮美的湯汁。這是媽媽過年一定會準備的鍋物料理。鰱魚肉質鮮嫩，魚頭的部位又充滿膠質，湯頭味道真是美極了。冷冷的天，端上這一鍋，溫暖全家的心！

砂鍋魚頭豆腐煲

 約 6-8 人份

材料（圖01）
鰱魚頭1個（約1200克）、板豆腐400克、乾燥香菇7～8朵、
熟竹筍150克、紅辣椒1支、青蒜2支、薑3～4片、
雞高湯2000c.c.、寬冬粉1把（加入之前泡水10分鐘軟化）

調味料（圖02）
紹興酒2大匙、醬油2大匙、辣豆瓣醬2大匙、糖1.5茶匙、
鹽1/4茶匙（鹹度請依照個人喜好斟酌）

🍳 不藏私步驟

1. 鰱魚頭去鰓洗乾淨，魚身淋上1茶匙紹興酒（份量外）抹均勻。
2. 乾燥香菇泡冷水軟化，切片。熟竹筍切片，紅辣椒切段，青蒜切段。
3. 板豆腐切大塊，放入水中煮5～6分鐘去除豆味，撈起。（圖03）
4. 砂鍋中倒入雞高湯，將煮過的板豆腐放入，以小火熬煮。（圖04）
5. 炒鍋中倒入約2大匙油，將紅辣椒及薑片放入炒香。（圖05）
6. 再將魚頭放入，以中小火煎至兩面金黃。（圖06）
7. 然後將香菇、筍片放入拌炒。（圖07）
8. 接著將所有調味料倒入混合均勻。（圖08）

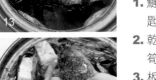

9. 最後將一半的青蒜加入，翻炒2～3分鐘。（圖09、10）
10. 炒好的魚頭及其他材料放入砂鍋中。（圖11、12）
11. 蓋上蓋子，以小火燉煮20～25分鐘（圖13）。
12. 最後再加入泡軟的寬冬粉煮至軟。（圖14）
13. 上桌前，將剩下的青蒜放入，煮1～2分鐘即可。（圖15）

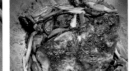

Carol 烹飪教室

1. 製作雞高湯

材料

雞骨架2副、青蔥2支、薑3～4片、米酒1～2大匙

步驟

a.雞骨架洗淨，青蔥切大段。
b.水燒開，將雞骨架放入，先汆燙至變色就將水倒掉。
c.再重新燒一鍋水（水量需蓋過雞骨架），放入雞骨架、青蔥、薑及適量米酒。
d.以小火熬煮30～40分鐘即可。
e.此高湯可以運用在各式各樣的料理中。

2. 市售高湯塊2塊＋水2000c.c.可以代替雞高湯，但另外添加的鹽請斟酌減少。

3. 不喜歡吃辣的話，可以將辣豆瓣醬改為豆瓣醬。

新鮮的海產直接清蒸或水煮吃原味就是最大的享受，到海產店很多人都喜歡點一盤白灼蝦，不過在外面吃，光想到剝殼過程好麻煩就讓我卻步。自己處理雖然要花一點時間，但是材料新鮮，還可以省下一筆人工費用。而且在家吃比較輕鬆，不需要顧及形象，吃得更盡興。

白灼蝦

約 5-6人份

材料（圖01）
白蝦600克、薑3～4片、青蔥1支、水1000c.c.

調味料
米酒1大匙、鹽1/2茶匙

佐料
綠芥末醬1茶匙、醬油1大匙

不藏私步驟

1. 白蝦清洗乾淨，青蔥洗乾淨打成結。
2. 用牙籤在白蝦背部第2節的位置挑出沙線，將過長的鬚剪掉。（圖02、03）
3. 將薑片、青蔥及調味料放入水中煮至沸騰。（圖04、05）
4. 分2～3次將白蝦放入煮沸的水中，汆燙至變色且熟，撈起。（圖06、07）
5. 冷卻後放冰箱冷藏。
6. 吃的時候，可以依照個人喜好沾芥末醬油食用。

Carol 烹飪教室

1. 蝦選擇越新鮮越好。
2. 汆燙蝦子過程不要一次放太多，以免花費時間過久，導致肉質變老。

新鮮的百合及銀杏，再加上草菇，組合成一道清爽的蔬食料理。百合微苦清脆的口感，養生又好吃。年節中還是要記得多補充一些蔬菜水果。

百合銀杏扒草菇

約
4-5人份

材 料（圖01）

鮮百合100克、銀杏（白果）100克、草菇200克、青蔥1支、高湯50c.c.

調味料

糖1/4茶匙、鹽1/3茶匙、白胡椒粉1/8茶匙

不藏私步驟

1. 將新鮮百合一片一片剝下來，清洗乾淨。
2. 草菇洗淨對切，青蔥切大段。（圖02）
3. 鍋中放2大匙油，將青蔥段放入炒香。（圖03）
4. 依序將銀杏及百合放入翻炒一會兒。（圖04、05）
5. 再倒入高湯及草菇，蓋上蓋子，以小火煮至湯汁收乾。（圖06、07）
6. 最後加入適當的調味料翻炒均勻即可。（圖08）

Carol 烹飪教室

1. 高湯做法可參照p.235。
2. 若使用乾燥百合，必須先泡水一夜軟化。

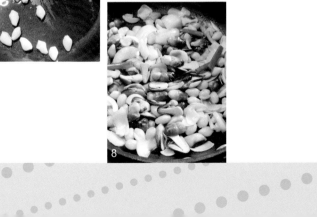

過年期間是大芥菜盛產的季節，煮湯清炒都不錯，用干貝來提鮮，豪華又美味，就是一道應景的年菜，在豐盛年夜飯中也適時的補充足量的纖維。

干貝芥菜

約 6-8人份

材 料（圖01、02）
珠干貝30克、大芥菜500克、
雞高湯480c.c.（蒸好的珠干貝湯＋雞高湯總合起來）
調味料
鹽1/3茶匙、太白粉1大匙＋水1大匙混合均勻（勾芡使用）

不藏私 步驟

1. 珠干貝加入200c.c.的水，放入電鍋中蒸煮30分鐘。（圖03、04）

2. 將珠干貝蒸至手捏可以輕易捏碎的程度。（圖05）

3. 蒸好的珠干貝用手捏成絲（蒸好的珠干貝湯保留做高湯）。

4. 大芥菜洗乾淨切大塊。（圖06）

5. 用沸水汆燙2分鐘撈起，馬上泡冷水散熱。（圖07、08）

6. 完全涼透就撈起瀝乾水份。

接下頁→

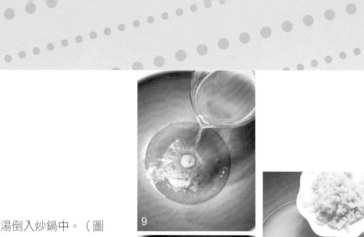

不藏私 步驟

7. 將蒸好的珠干貝湯＋雞高湯倒入炒鍋中。（圖09）

8. 將鹽加入煮沸。（圖10）

9. 放入大芥菜以小火煮5分鐘，然後撈起整齊鋪放在盤子上。（圖11、12）

10. 干貝絲倒入湯中，小火燉煮2～3分鐘。（圖13）

11. 最後將太白粉水慢慢一邊倒入一邊攪拌勾芡。（圖14、15）

12. 完成的干貝湯汁淋在大芥菜上方即可。（圖16）

13

10

14

11

15

12

242

Carol 烹飪教室

1. 製作雞高湯

材料

雞骨架2副、青蔥2支、薑3～4片、米酒1～2大匙

步驟

a. 雞骨架洗淨，青蔥切大段。

b. 水燒開，將雞骨架放入，先汆燙至變色就將水倒掉。

c. 再重新燒一鍋水（水量需蓋過雞骨架），放入雞骨架、青蔥、薑及適量米酒。

d. 以小火熬煮30～40分鐘即可。

e. 此高湯可以運用在各式各樣的料理中。

2. 市售高湯塊1/2塊＋水480c.c.可以代替雞高湯，但另外添加的鹽請斟酌減少。

3. 大芥菜不要汆燙太久，以免變色不美觀。

16

婆婆在過年的時候都會準備一大壺好喝的甜茶，熬煮的材料非常豐富，甜滋滋熱騰騰又充滿香味，最適合濕濕冷冷的天氣。正月初五迎財神，希望接下來的一年順心平安！

八寶甜茶 ☕

約 8~10人份

材料（圖01）

紅棗12～15顆、黑棗12～15顆、金棗糖100克、甜糖豆（大紅豆糖）100克、柿餅乾2個、桂圓100克、人蔘鬚10克、乾燥桂花1大匙、枸杞2大匙、水2000c.c.

🥄不藏私步驟

1. 將所有材料放入茶壺中。（圖02）
2. 加入水2000c.c.，放上瓦斯爐加熱。（圖03、04）
3. 煮滾後，轉小火再熬煮15分鐘即可。（圖05）

Carol 烹飪教室 材料種類及份量都可以依照自己喜歡調整。

1

2

3

4

5

THERMOS® 膳魔師
QUALITY SINCE 1904
百年溫控專家

鑽石級 全新極致品味
膳魔師新一代達人原味鍋
一體成型鑄造 健康節能再升級
全新升級鍋身鍋耳一體成型鑄造,2.8mm超優質SUS304不銹鋼,導熱蓄熱效果更加倍,健康少油更節能。

一體成型質感升級

全新一體成型無鉚釘設計,展現出精心工藝的流暢線條感,輕鬆清洗不藏污納垢。

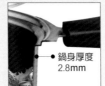

鍋身厚度
2.8mm

加厚鍋身蓄熱升級

鍋身厚度為2.8mm,導熱均勻,蓄熱效果更好,節省能源並縮短烹調時間。

鑽石鈕頭品味升級

鑽石鈕頭加高設計,不僅舒適好握,更增添現代廚房的視覺時尚美感。

防滑手把耐用升級

全新人體工學設計電木手把,堅固耐用,好握好拿不滑手,離火源遠,較不易燙手。

G型鍋蓋健康升級

特殊G型鍋蓋設計,密閉水封效果佳,將營養成份鎖在鍋內,保留食材原味更健康。

新一代達人原味鍋
單柄湯鍋 K23-F18

尺寸/容量:18cm / 2.0L

新一代達人原味鍋
雙耳湯鍋 K23-S22

尺寸/容量:22cm / 4.2L

新一代達人原味鍋
單柄平底鍋 K23-F24

尺寸/容量:24cm / 2.2L

新一代達人原味鍋
單柄炒鍋 K23-F28

尺寸/容量:28cm / 3.8L

THERMOS 膳魔師
官方網站

THERMOS 膳魔師
官方粉絲團

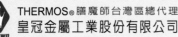

THERMOS® 膳魔師台灣區總代理
皇冠金屬工業股份有限公司

消費者服務專線:0800-251-030
膳魔師官方網站:www.thermos.com.tw
膳魔師官方粉絲團:www.facebook.com.tw/thermos.tw

手機掃描 QR CODE

手機掃描 QR COD

THERMOS
QUALITY SINCE 1904
百年溫控專家

膳魔師

彩漾 雙色 時尚隨行！

全球第一品牌 百年燜燒鍋專家
膳魔師新一代彩漾燜燒鍋
環保節能 省時免顧 一提就走

蒸、煮、燉、滷、煨、熱、燜、燒，樣樣行
甜鹹冰熱，通通搞定，安全輕鬆享美味

THERMOS 膳魔師燜燒鍋 美味四步驟

1 煮滾食材
將食材及調味料放入燜燒鍋內鍋，於爐上煮滾。

2 移入外鍋
將燜燒鍋內鍋移入燜燒鍋外鍋。

3 蓋上燜煮
蓋上燜燒鍋鍋蓋，就可攜帶外出，同時料理正在鍋內燜煮。

4 燜煮完成
到達目的地後，燜燒鍋料理完成。

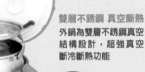

雙層不銹鋼 真空斷熱
外鍋為雙層不銹鋼真空結構設計，超強真空斷冷斷熱功能

保溫容器內側　真空　外側
熱　熱

THERMOS 膳魔師彩漾燜燒鍋特色

外出提把設計，
一提就走，方便露營野餐、休閒旅遊使用。

內鍋上蓋可置放於
本體上蓋，使用方便又衛生。

不銹鋼
鋁
超導磁不銹鋼
（燜燒鍋內鍋結構圖）

SUS304不銹鋼內
鍋其鍋底使用超導磁不銹鋼，適用各種熱源

THERMOS 膳魔師彩漾燜燒鍋 RPE-3000-OLV/CA（橄欖綠/胡蘿蔔橘）
容量:3.0L

THERMOS 膳魔師
官方網站

THERMOS 膳魔師
官方粉絲團

手機掃描 QR CODE　手機掃描 QR CODE

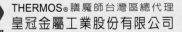

THERMOS® 膳魔師台灣區總代理
皇冠金屬工業股份有限公司
crown

消費者服務專線：0800-251-030
膳魔師官方網站：www.thermos.com.tw
膳魔師官方粉絲團：www.facebook.com.tw/thermos.tw